叶盘转子系统动力学特性
与试验研究

潘宏刚　著

东北大学出版社
·沈　阳·

ⓒ 潘宏刚　2020

图书在版编目（CIP）数据

叶盘转子系统动力学特性与试验研究／潘宏刚著
. — 沈阳：东北大学出版社，2020.5
ISBN 978-7-5517-2294-0

Ⅰ．①叶…　Ⅱ．①潘…　Ⅲ．①蒸汽透平－转子动力学
－研究　Ⅳ．①TK263.6

中国版本图书馆 CIP 数据核字（2020）第 068931 号

出　版　者：东北大学出版社
　　　　　　地址：沈阳市和平区文化路三号巷 11 号
　　　　　　邮编：110819
　　　　　　电话：024－83683655（总编室）　83687331（营销部）
　　　　　　传真：024－83687332（总编室）　83680180（营销部）
　　　　　　网址：http://www.neupress.com
　　　　　　E-mail: neuph@neupress.com
印　刷　者：沈阳市第二市政建设工程公司印刷厂
发　行　者：东北大学出版社
幅面尺寸：170mm×240mm
印　　张：12.25
字　　数：213 千字
出版时间：2020 年 5 月第 1 版
印刷时间：2020 年 5 月第 1 次印刷
责任编辑：石玉玲　张　媛
责任校对：李　佳
封面设计：潘正一
责任出版：唐敏志

ISBN 978-7-5517-2294-0　　　　　　　　　　定　价：65.00 元

前 言

　　叶盘系统作为燃气轮机和汽轮机转子系统的关键部件，其处在高温、高压、高转速的工作环境中，所承受的载荷复杂、环境严酷，燃气轮机和汽轮机的叶盘系统一旦发生破坏性故障，将导致转子系统质量不平衡，发生动静碰摩，造成极其严重的后果。因此，研究叶盘转子系统振动特性问题，对燃气轮机和汽轮机等旋转机械的设计、运行和维护具有重要意义。

　　目前，燃气轮机的设计和研究的主要技术由国外四大厂商掌握，国内还不能完全自主地生产、维修和解决关键技术问题，对叶盘系统的加工制造和性能分析较少，很难确保其在高压比和高温比的环境下持续稳定运行。汽轮机的设计和研究广泛采用专家诊断、现场经验等方法解决问题，并没有准确的理论指导和试验验证，很难准确地判断事故产生的原因，从而延误事故的处理时间，对机组运行造成不利的影响，直接影响生产厂的经济效益。这些都严重地制约了燃气轮机和汽轮机技术的发展，制约了机组效率的提升，增加了机组事故率。

　　本书以燃气轮机和汽轮机叶盘转子系统为研究对象，开展了叶盘转子系统不平衡响应及其在动平衡中的应用研究，进行了轮盘质量和位置对转子临界转速灵敏度分析，研究了叶盘系统参数变化对振动特性的影响，讨论了叶片展弦比对叶盘系统振动特性的影响，提出了失谐叶盘系统叶片排序优化方法。本书的主要研究内容和成果如下。

　　① 建立了叶盘轴一体化模型，应用传递矩阵法求解其固有振动特性和不平衡响应，并验证了分析方法的正确性。讨论不平衡质量对叶盘转子振动特性的影响及其在动平衡中的应用。结果表明：叶盘转子邻近支承输入端更易在低频段发生不平衡振动，而邻近支撑输出端对高频段较为敏感。偏心质量的增加会加剧叶盘转子系统的不平衡振动，施加反向不平衡量可减小低频振动幅值，

有效抑制低频引起的振动，施加同向不平衡量可抑制高频引起的振动。

② 建立叶盘转子系统模型，对两端刚性支承单圆盘偏置转子进行了理论计算分析，通过试验研究结果得出了与理论分析和有限元结果吻合的结论，引入灵敏度分析方法，分析了轮盘质量和位置变化对汽轮机转子临界转速的影响。结果表明：不同质量轮盘安装在转子中心位置的临界转速最小，偏离转子中心位置质量增加越大，临界转速减小的越快；偏置量对临界转速的影响远远大于质量的影响，是 7～10 倍。同一质量轮盘偏置量大于 40%，对转子临界转速改变量较明显，同一偏置位置，质量增加量小于 50%，对转子临界转速改变量较明显。

③ 建立轮盘模态解析模型，对圆周对称结构的轮盘进行解析计算，用轮盘上细沙运动来表示模拟轮盘振型，并验证了试验的可靠性，基于群论算法对叶盘系统模态进行计算分析，设计了 10 种叶盘系统工况，讨论了叶盘系统结构变化对其振动特性的影响。结果表明：叶盘系统与轮盘的振型趋势一致，随着叶片质量增加，整个叶盘系统的各阶模态频率都减小，振幅略微增大，当叶片不同部位上质量增加时，对叶盘系统的各阶模态频率影响并不大，叶盘系统低频振动时，以轮盘振动为主，叶片随着轮盘振动。

④ 建立不同展弦比下的叶片结构模型，对叶片的固有频率求解，得出各展弦比下叶片的固有振动特性规律。讨论了扭曲叶片和直叶片在不同展弦比下对叶盘系统动频影响的变化规律。结果表明：定宽度时，叶片的高阶次和小展弦比区域振动频率受展弦比影响更为敏感，且随着展弦比的增加，叶片的各阶固有振动频率均降低；定长度时，叶片的弯曲振动频率会随着展弦比的增大而升高，而扭转振动频率却出现一定幅度的上升，同时叶片的扭转振动频率较弯曲振动频率变化更明显；扭曲叶片和直叶片叶盘系统的展弦比对系统动频的影响变化规律是相同的；定宽度时，叶片展弦比对系统低阶频率的影响较小，高阶频率的影响较大，展弦比的增加使得叶盘系统的各阶频率均降低；定长度时，展弦比对叶片扭曲频率的影响比较敏感，会随着展弦比的增加而升高，其他各阶频率变化幅度较小。

提出失谐叶盘系统振动测试试验方法，对失谐叶盘系统进行响应测试，采取基市二次型多项式响应面对失谐叶盘系统进行拟合，通过拟牛顿算法确定拟合系数，又基于离散遗传粒子群算法进行多项式极值求解，以优化叶片排序结果。结果表明：经迭代响应面排布优化后的叶盘系统受迫振动幅值要比按照叶片序号顺次排列的叶盘系统受迫振动幅值明显减小，不同频率位置的改变量不同时，基频位置改变量较大。

本书得到了东北大学袁惠群教授的指导和帮助，在此致以诚挚的感谢！著者在写作过程中，参考了若干国内外学者的相关研究内容的文献，谨向文献作者表示感谢。

限于著者水平，谬误之处在所难免，敬请读者指正。

著　者

2020 年 2 月

目　录

第1章 绪 论

1.1 本书来源、研究背景及意义

1.1.1 本书来源

本书来源于国家自然科学基金重点项目"航空发动机结构可靠性多元建模及仿真理论与方法研究"（项目编号：51335003），国家自然科学基金项目"基于 Kriging 模型的叶盘系统多场耦合动力学及多学科设计优化研究"（项目编号：51275081），沈阳市科技计划高新技术产业发展与科技攻关计划项目"重型旋转机械柔性膜盘联轴器国产化核心技术研究"（项目编号：F13-01-21-00），横向科研项目"压气机叶片轮盘系统的失谐振动特性研究""某级压气机叶盘系统失谐振动关键影响因素研究""失谐叶盘系统振动特性研究""阜新发电厂#03 机通流改造可行性研究"。

基于以上项目内容，本书对叶盘转子系统动力学特性与试验进行研究。主要研究了叶盘转子系统不平衡响应及其在动平衡中的应用研究、转子系统轮盘质量和位置对转子临界转速影响分析、叶盘系统参数变化对振动特性影响研究、叶片展弦比对叶盘系统振动特性的影响、失谐叶盘系统叶片排序优化等方面的研究。

1.1.2 研究背景及意义

大型旋转机械如燃气轮机、汽轮机、离心式和轴流式压缩机、风机、水泵、航空发动机等是工业生产中主要设备，在人类的发展和社会进步中起到了重要推动作用。燃气轮机是一种以连续流动的气体作为工质，把热能转换为机械功的旋转式动力机械。在空气和燃气的主要流程中，它由压气机、燃烧室和燃气透平这三大部件组成。燃气轮机结构简单，具有体积小、重量轻、启动快等一系列优点，在发电、航空、军用、船舶、驱动装置等方面得到广泛应用。汽轮机是将蒸汽的热能转换成为机械功的旋转式动力机械，又称蒸汽透平。汽轮机拖动发电机发电构成了汽轮发电机组，对外输出电能，同时也可直接驱动各种泵、风机、压缩机和船舶螺旋桨等，还可以利用排汽或中间抽汽，满足生产和生活上的供热需要。

燃气轮机和汽轮机转子系统主要由主轴、叶轮、叶片、联轴器等设备构成，其转子系统在高温、高压、高转速下工作，所承受的载荷复杂、环境严酷，一旦发生破坏性故障将导致极其严重的后果。在设计过程中，不但需要满足高性能的要求，而且还需确保其安全可靠地运行。燃气轮机和汽轮机设计属于多学科的综合技术，涉及结构强度、机械设计、固体力学、流体力学、材料学、热力学、传热学、燃烧学、控制科学及制造工艺学等领域[1]。因此，燃气轮机和汽轮机技术的研发是一项多学科综合的、复杂的系统工程。

随着工业生产的飞跃发展，汽轮机向着大容量、高参数、集中控制高水平方向发展，燃气轮机也趋向于大功率、高压比、高温比、超快启动、调节灵活的方向发展。燃气轮机和汽轮机由于在高温、高压的环境中工作，故障也是频繁发生，而叶盘系统故障是其最常见的故障之一。叶盘系统作为燃气轮机和汽轮机的关键零部件，保证其安全可靠地工作至关重要。一旦燃气轮机和汽轮机的叶盘系统发生故障，所引起的事故是严重的，甚至是灾难性的。另外，叶盘系统设计不合理还会导致一些其他的故障问题，如共振引起的叶片裂纹、叶片脱落、振动噪声和疲劳失效等故障，严重的使汽轮发电机组和燃气轮机组被迫停机，影响工业生产，造成巨大的经济损失。

目前，燃气轮机的设计和研究主要由国外四大厂商(美国通用公司、德国西门子公司、法国阿尔斯通公司、日本三菱公司)掌握，定期的维修与维护也由他们负责，国内还不能完成自主地生产和解决关键技术问题，对叶盘系统的加工制造和性能分析较少，很难确保其在高压比和高温比的环境下持续稳定运行。汽轮机的设计和研究广泛采用专家诊断、现场经验等方法解决问题，并没有准确的理论指导和试验验证，很难准确地判断事故产生的原因，延误事故的处理时间，对机组运行造成不利的影响，直接影响生产经济效益。这些都严重地制约了燃气轮机和汽轮机技术的发展，制约了机组效率的提升、增加了机组事故率、造成一定的环境污染。

随着现代工业的迅猛进步，对燃气轮机和汽轮机的工作性能提出了更高的要求，对机组运行的安全性、可靠性、连续性提出了更高的要求。原有的燃气轮机和汽轮机技术已不能满足现代大型旋转机械设计的需要，提高机组效率尤为重要。随着国家节能减排政策的提出，对机组超低排放也提出了更高的要求。因此，亟须针对现有燃气轮机和汽轮机设计上的不足和问题，提出新的设计、分析手段，充分考虑叶盘系统在参数变化上对其动力学特性的影响分析。

本书针对现有燃气轮机和汽轮机叶盘系统设计、分析的瓶颈，综合叶盘系统在参数变化上对其动力学特性的影响，开展了叶盘系统不平衡响应分析、相关参数对转子临界转速灵敏度分析、参数变化对叶盘系统振动特性的影响、不同展弦比对叶盘系统动频影响、失谐叶盘系统振动特性及叶片排序优化等方面的研究，通过试验验证理论分析的正确性。这对推动燃气轮机和汽轮机技术的进步，解决结构设计中的技术难题具有重要的工程实际意义。同时，还可促进基础学科与工程技术应用学科的相互交叉和融合，具有重要的理论意义。

1.2 国内外相关研究现状

1.2.1 叶盘转子动力学特性研究现状

燃气轮机在工业生产中属于大型旋转机械，广泛应用于航空、航天、船舶、军事、交通和电力等各个领域，在国防现代化建设和经济社会高速发展中起着至关重要的作用[2]。燃气轮机的叶盘转子系统在高温、高压、高转速的环境下工作，由于加工、制造、安装等误差及工况变化，使得运行发生失稳，产生强烈的振动现象，直接影响燃气轮机的使用寿命和生产效率，这就要求在最初设计中要充分考虑叶盘转子的固有振动特性[3]。因此，国内外很多学者对于转子系统的动力学特性做了很多研究，并取得了很多突破性的成果。

传递矩阵方法(transfer matrix)是一种用矩阵描述多输入和多输出之间线性关系的手段和方法，该方法广泛应用于转子系统的固有频率和振型计算中，在转子系统的理论分析中起到了一定的作用。传递矩阵法的基本原理，需将轴划分成多点进行研究，将每两点之间的轴段称为单元或站，每个截面上的位移、转角、弯矩和剪力统称为截面状态参数。根据转子系统的始端和末端的边界条件，通过截面状态参数的传递过程得到各个截面的状态参数。传递矩阵法的优点是：矩阵的维数不随系统自由度的增加而增大；转子的各阶临界转速的计算方法完全相同，计算机程序简单，存储单元少，计算机历时短。这就使得传递矩阵法得到了广泛的应用，成为解决转子动力学问题的一个快速而有效的方法。但对于大型复杂转子系统的动力学问题，由于其结构形状的复杂化及试算频率的增加，出现了计算精度低、数值不稳定等现象，因此，后来的学者对传递矩阵法进行了改进，提出了更优越的 Riaccti 传递矩阵法。Riaccti 传递矩阵法保留原有传递矩阵法的所有优点，在数值上比较稳定，计算精度也得到了较大的提高，易于处理具有球铰和刚性支承转子、双转子等复杂转子系统的问题，是一种比较理想的计算方法。国内也有学者提出了子结构传递矩阵法，还有将传递矩阵法与模态综合法、有限元素法、直接积分法及阻抗匹配法相结合，并成功地将其应用于复杂转子系统的动力特性分析中。

早在 20 世纪 40 年代，Prohl[4] 提出解决多圆盘转子扭振问题的初参数法是传递矩阵法[5]的起源，随后梅克斯泰德和蒲尔两位学者将方程推广，并求解了转子的弯曲振动问题。1960 年，Hurly[6] 首先提出了模态坐标和模态综合法的概念，确立了固定界面模态综合法的基础。随后，Craig 和 Bampton[7] 改进了Hurry 的计算方法，使得该方法更加实用。王文亮等[8-9] 提出了一种双协调的子结构方法，大大缩减了系统的综合自由度。改进后，在计算精度和数值稳定问题上都获得了比较满意的效果[10]。张汝清和董明[11-12] 提出了一种无界面模态综合法，并对其进行修正，该方法不需要在求解过程中进行二次坐标转换。韩放[13] 提出将模态综合法和传递矩阵法相结合，求解复杂转子系统的动力学特性。文献[14]利用传递矩阵分析法，研究了弹性支承条件下悬臂梁的振动特性和稳定性。张文[15] 研究了不考虑转轴质量的转子系统的扰动运动微分方程。文献[16]通过模态综合分析法，建立了多盘转子系统的动力学分析模型，并研究了转子系统的固有特性。Chun 和 Lee[17] 在考虑转子科氏力、离心刚度及陀螺力矩的基础上，建立了叶盘系统耦合数学模型，研究发现转子系统的转速、叶片的交错角及扭转角都会对转子耦合系统的振动特性产生影响。王立刚等人[18] 根据转子动力学分析理论，利用拉格朗日方程构建了叶片转子系统的非线性耦合动力学振动模型。研究结果发现：叶片阻尼系数对转子系统的动力学特性影响较大，当系统在低速转动时，叶片的振动可能会降低系统发生混沌现象的转速范围。当系统高速旋转时，叶片出现延迟周期性运动现象。

在对转子系统进行大量的试验过程中，会产生大量的试验数据，而合适的数据拟合方法通常能直观地表现出数据的内在规律。响应面法是统计学中常见的综合试验技术方法。Wong[19]提出了采用有限元与二水平因子相结合的响应面分析方法，并研究了动力系统结构的随机效应和稳定性。Faravelli[20]形成了以试验设计方法为基础的响应面分析法。Hornik[21]采用多层前馈网络方法对函数进行全局近似研究。Li[22]表明可以用径向奇函数神经网络来近似获得任何一个多变量函数和和它的微分。Bray[23]等人通过对水力传导率场的估计，提出了自然邻域的克里金方法。Liu 等[24]提出了一种称为 Block-Kriging 的空间插值方法，该插值方法可以同时考虑点数据和块数据。同时能够将简略的数据和完备的数据集成，进而实现降尺度模拟。

叶片轮盘振动的研究最早见于 Stodola[25]，他推导了轮盘振动对应的微分方程，并考虑了叶片对轮盘的影响。叶片以分布弯矩及剪力作用于轮盘的外缘，假设叶片数目很多，并把叶片看作一个刚体，推导这种弯矩和剪力。但是 Stodola 所假设的叶片是刚性的，其结果必然会造成较大的误差。1955 年 Armstrong[26]推导了均匀自由圆板的导纳公式，并假定带叶片轮盘和无叶片轮盘在周向上对应的振型是相类似的。然而这种方法仅适合于外形简单、带有大量叶片的结构，并且只有当计算低节径振型时，才比较准确。研究发现，Armstrong 的这种方法对带 80 个等厚叶片的均匀自由盘结果比较理想。1965 年 Pritchett 和 Bishop 推导了均匀圆板在各种不同边界条件下的导纳公式，拓展了导纳耦合法的应用领域[27]。1966 年 Ewins[28]得到了更为简单的轮盘导纳公式。这些公式可方便地应用于带叶片轮盘及均匀轮盘的振动分析上，但问题的计算规模增大很多。Ewins 在上述基础上，分析了叶片误差对带叶片轮盘振动持性的影响[29]。除导纳耦合法外，1979 年 Irreiter[30]对简单的叶片和轮盘模型，将运动微分方程进行数值积分，对弯、扭振动的叶片与在盘面内（纵向）和盘面外（横向）振动的轮盘的耦合振动进行了分析，并且考虑了剪切变形、转动惯性、离心力和安装角的影响。但这种方法计算比较复杂，而且仅适合于形状简单的结构。

由于叶片与轮盘结构具有旋转对称的特性，因此可根据波传播技术，以一个基本重复扇区来模拟整个有限元分析模型，这样便可大大降低求解规模。Mota[31]和 Thomas[32]是最早利用波传播技术和复拘束技术或特征值节化法对实际叶盘系统进行有限元分析的先驱者，而 Nelson[33] 的工作又将叶盘系统的研究向前推进了一大步。Thomas[32] 根据循环对称结构的一个基本扇区建立有限元子结构模型，通过引入复约束考虑结构其他部分对模型的影响，由此导出 Hermite 阵特征值问题。国内外不少学者把子结构技术与在数学上和群论算法同构的某种方法(如波传播法、循环矩阵法和迁移矩阵法等)组合起来，提高叶盘耦合振动分析的效率[34-35]。

杨少明[36] 建立了叶盘系统集中质量参数模型，分别对谐调和失谐系统进行了自由振动和受迫振动分析，得到了失谐参数对叶盘系统模态和响应影响的一般规律。还利用人工蚁群算法对既定失谐叶片安装时如何选择最佳叶片排序进行了优化研究。在微动滑移摩擦模型的基础上，建立考虑非线性干摩擦的叶盘系统分析模型，对缘板非线性摩擦阻尼器正压力进行优化，分析了缘板非线性摩擦阻尼对失谐叶盘系统振动特性的影响规律和减振效果。通过有限元通用程序对失谐叶片系统振动特性进行仿真分析，对不同工况下的叶盘系统进行模态分析，并利用有限元子结构模态综合法对失谐叶盘系统进行分析，讨论失谐对叶盘系统振动模态的影响。袁惠群等[37] 建立了单个扇区的两自由度集中质量模型，基于遗传算法的全局优化和快速收敛性，利用改进的嵌套遗传算法给出了模型航空发动机某级叶片的最佳安装方案，从而把发动机叶盘系统受迫振动响应的最大幅值控制在一个较小的范围内。

此外，国内外学者对含有裂纹叶片的转子系统的振动状态的应力应变分布进行了大量的深入研究。葛永庆等[38] 探究了裂纹参数如位置、深度和形状对叶片固有频率的影响。胡殿印等[39] 运用有限元分析的方法，确立了系统的断裂力学参量，并拟合获得该参量与裂纹长度的函数关系，给出了轮盘系统的临界裂纹尺寸。李春旺等[40] 通过有限元分析方法，给出了叶片裂纹尖端应力强度因子的计算方式，并研究了当叶盘系统旋转时，应力强度因子随叶片裂纹长度的变化规律。邹圆刚[41] 运用非线性动力学分析理论，利用有限元分析软件对裂纹叶片转子系统进行动力学仿真研究，并用试验方法对动力学仿真分析获得结果进行检验。

本书在现有研究基础上，基于传递矩阵法进行叶盘转子系统不平衡响应及其在动平衡中的应用研究。以烟气轮机叶盘转子系统为研究对象，建立了其叶盘轴一体化模型，应用传递矩阵法求解了叶盘转子系统的固有振动特性和不平衡响应，并与 ANSYS 子结构法计算结果进行了比较，验证了所采用分析方法的正确性。同时，讨论了不同偏心质量和不同偏心位置所引起的不平衡对叶盘转子振动特性的影响及其在动平衡中的应用。

1.2.2　转子系统非线性动力学特性研究现状

旋转机械是现代工业中最重要的动力机械。在机械、电子、交通、航空、化工、能源、矿业、军工等行业中有着广泛的应用。汽轮发电机组是现代工业发展的代表，几年来，火电机组向着高参数、大容量、集控自动控制方向不断发展进步，也是科学研究的重点。转子动力学是揭示旋转机械动力学特性的重要学科，是一门实际的应用型基础学科，随着大型工业和技术的快速发展和进步，旋转机械逐渐向高速轻型化及精密化发展，相应的各种动力学问题日益突出。各种与旋转机械动力学特性密切相关的故障经常发生。在机械系统的操作中，转子系统的振动是没有规律可循的，例如轴扭转振动、弯曲振动、叶盘振动、叶片振动、轮盘位置和质量变化等。过度振动会降低机械系统的工作效率，更严重的会使部件断裂，造成事故。因而，转子动力学在旋转机械的设计与安全生产中发挥着越来越重要的作用。

对于转子动力学的研究，基本可以概括为从线性到非线性、从单盘转子到多盘转子、从简单的盘轴系统到包含盘片轴及轴承密封等部件的这样一个发展研究历程。最简单的转子模型就是著名的 Jeffcott 转子，直至今天仍然在使用，该模型由 Foppl 在 1895 年首次提出。1919 年，Jeffcott[42] 对 Foppl 提出的模型进行了动力学特性分析，计算出了转子的临界转速，提出了超临界运行的转子仍可在一定程度上稳定运行，这个结论对工业革命的发展起到了重要的作用。随着现代非线性转子动力学理论及方法的不断发展，利用非线性振动理论对转子系统进行分析，已经成为当今国内外学者比较青睐的研究课题。导致转子系统非线性的主要因素有：轴和支承材料本身的非线性应力应变关系[43-44]，滚动轴承刚度[45-49]，滑动轴承和挤压油膜阻尼器的油膜力[50-53]，间隙和碰摩[54-59]，裂纹[60-62]，参数(质量或刚度)时变[63-65] 等。由于这些因素不可避免地存在，准确描述转子系统真实动力学行为的微分方程是非线性的。

到目前为止，还没有出现普遍适用于各种不同类型非线性转子系统振动微分方程的分析解法，一般而言，只能针对具体情况采用不同的分析方法。应用较多的近似分析方法有谐波平衡法、多尺度法和平均法。谐波平衡法可用于求解强非线性和弱非线性转子系统的稳态周期响应，多尺度法和平均法适用于求解弱非线性转子系统的稳态响应和非稳态响应。近似分析方法的优点是：解的表述是显式的，因而便于分析参数的影响，这对于转子系统动力学设计和故障诊断是非常有利的。其缺点也是明显的：一是获得足够高精度的解（直接措施是解的近似展式含较多的项）必须以数学推演和计算工作量的剧增为代价，且解对参数的依赖关系不再明显；二是难以用于非解析函数型非线性问题；三是不适宜于高自由度转子系统。鉴于上述分析方法的这些缺点，不少作者更乐于采用数值方法。初值问题的直接积分、边值问题的打靶法、TCM法（trigonometric collocation method）等数值方法具有广泛的用途和适用性，且求解精度较高，但求解稳态响应需耗费较长机时（对于高维和小阻尼问题更是如此），并且难以直截了当地展示参数变化对解的影响。

在20世纪20年代，由美国的通用公司研发制造的一种应用于高炉的鼓风机，在工作中出现了各种振动故障[66]。那时，人们对于这种振动现象的发生无法给出真正的原因。1924年，Newkirk[67]对此现象进行了研究，发现在临界转速以上某一值时，机组会发生剧烈振动，并提出轴承油膜力可能是导致转子振动的原因，该研究首次考虑了油膜力对转子系统稳定性的影响，大量学者开始对转子系统的轴承进行研究。随着流体润滑理论的逐渐成熟，并通过理论和试验发现，随着转子转速持续增大，系统会出现自激振动现象。1925年，Newkirk和Taylor[68]首次发现转子即使经过精密的平衡，当转速足够大时系统仍发生强烈的振动，他们认为滑动轴承自身结构造成了此种现象发生。Frene[69]等人根据长轴承模型阐释了转子系统出现油膜涡动现象的理论机理。在此后，越来越多的学者相继开展了对油膜涡动及油膜失稳振荡问题的研究。1963年，Huggins[70]对短轴承支撑的刚性转子非线性振动模态进行了研究。利用解析方法对油膜涡动进行分析，保留油膜力方程非线性项，利用计算机对复杂方程进行求解得到了油膜重要的振动特性，论述了自激振荡的存在。1984年，Myers[71]对油膜滑动轴承支撑转子的自激振荡进行了分析，应用Hopf分岔理论研究了转子系统在失稳点附近的分岔行为。此后，Muszynska[72]详细分析了油膜涡动及油膜振荡对转子稳定性的影响，对油膜力进行了理论分析，并将模型分析结果与试验研究数据进行了比较。Brancati等[73]对两端油膜轴承支撑的对称不平衡且刚性的转子在遭受一固定的垂直载荷作用下的运动状态进行了理论分析，采用短轴承理论，具体分析了转子-轴承系统的非周期、同步及亚谐运动区域。Chu和Zhang[74]研究了油膜支撑碰磨转子的振动特性，利用近似短轴承理论获得了油膜力，以转速、系统阻尼及不平衡量作为控制参数去观察系统的周期、准周期和混沌振动的变化形式。Kakoty 和 Majumdar[75]分析了流体惯性对柔性支撑滑动轴承的影响，采用非线性瞬态分析对不同支撑参数及修正雷诺数的质量参数进行了估计。在流动滑动轴承中，流体惯性相较于黏性力而言往往可以忽略不计，然而，当修正雷诺数在 1 附近时，就应该考虑流体惯性的影响。Vania 和 Tanzj[76]分析了油膜非线性对滑动轴承的影响，主要利用一个简单的数学模型，考虑非线性影响下对滑动轴承的灵敏度进行分析，同时为了突出滑动轴承重要的非线性特征，分析了无量纲诊断指数的性能。Laha 和 Kakoty[77]对两端油膜滑动轴承支撑的柔性转子在不平衡激励下的非线性动力学特性进行了分析，转子带有刚性盘，通过 TIMOSHENKO 梁和盘的有限元方程得到了系统的运动方程。从修正的雷诺方程及 DARCY 方程的解计算出了非线性油膜力。然后根据 Wilson-q 法对系统运动方程进行求解。研究了不同的无量纲参数对系统的分岔特性的影响。Liu 等[78]利用拉格朗日方程，建立了碰磨故障下转子-轴承系统的非稳态油膜力力学模型，应用数值方法，对碰磨故障下转子-轴承系统的非稳态油膜力的非线性动力学特性进行分析，得到当仅仅把自激频率作为控制参数时，系统存在周期运动、准周期运动和混沌运动等非线性现象。Vania 等[79]对油膜滑动轴承的非线性力的参数进行了分析。致力于研究由于最大振幅及滑动圆轨迹的改变对非线性力的影响，同时考虑了转轴速度、轴承载荷及轴承滑动位置的影响，并且对不同类型滑动轴承的敏感性进行了分析。

在国内，很多学者也对油膜非线性特性进行了研究。谢友柏和汤玉娣[80]对滑动轴承支撑的转子系统在非线性油膜力作用下的振动特性进行了研究。阮金彪和孙亦定[84]利用传递矩阵方法，对挤压油膜阻尼器在不同油膜间隙、阻尼系数变化下对转子系统减振性能的影响进行了分析。张宇等[82]在无限短轴承的基础上，考虑了基础在垂直方向的变形影响，从而建立了转子-轴承-基础的非线性动力学模型，利用数值方法，研究了系统在临界点附近复杂的非线性动力学行为特性。丁千等[83]学者对柔性转子-轴承系统进行了研究，考虑了非线性油膜力及不平衡力，利用数值分析方法对系统的稳定性及自激振动特性进行了研究，推出了转子系统受到冲击后的运动模型。西安交通大学的秦平和孟志强等[84]建立了滑动轴承非线性油膜力的网络模型，并且以实例分析得出了网络模型分析轴承系统，可以明显地提高计算效率。沈松等[85]对非对称柔性转子的分岔特性进行了研究，对不同转速情况下柔性转子系统的非线性振动的动力学特性进行了计算。秦卫阳和孟光[86]对双盘裂纹转子及挤压油膜阻尼器-转子系统碰磨分岔的非线性动态响应进行了研究，并利用数值计算方法对导出的系统动力学方程进行了求解。曹树谦和陈予恕[87]对四自由度的不平衡转子在非线性内阻力、油膜力及弹性力共同作用下的动力学特性进行了研究。哈尔滨工业大学的冷淑香等[88]对多自由度的大型转子系统在非线性及线性油膜力作用下的振动特性进行了分析，经对比分析，如果对油膜力的非线性特性加以考虑，转子系统产生油膜振荡时的转速就会提前。刘淑莲等[89]利用摄动法思想将油膜力的非线性表达式展开成三次多项式，此多项式使用于非线转子-轴承系统的参数识别及不平衡的识别。吴其力和荆珂[90]根据非线性动力学理论，对双跨转子系统进行动力学建模，对非线性油膜力作用下转子系统的耦合故障响应进行了数值模拟研究。韩放等[91]针对转子-叶片-轴承系统，建立其动力学模型，在考虑非线性油膜力的情况下，对系统的弯扭耦合振动进行了研究。毛文贵等[92]提出了应用 Newmark-b 法与有限变分法相结合的动态分析方法对滑动轴承的油膜非线性动态特性进行分析。夏极等[93]利用流体的动力润滑原理进而对滑动轴承的油膜刚度及油膜阻尼的动态特性进行了研究，同时，对滑动轴承的动力特性系数对系统轴系的回旋振动的影响进行了分析。

振动稳定性是转子系统非线性动力学研究不可回避的问题。用多尺度法和平均法求转子系统的稳态响应时，首先要导出描述振幅和相位随时间变化的一阶微分方程组，原方程的稳态解对应于这个自治系统的奇点，稳态响应的稳定性对应于奇点的稳定性。用谐波平衡法或 TCM 法求得的稳态响应的稳定性分析，是通过在稳态解上叠加一个小扰动，将之代入原方程，得一周期系数微分方程，再用 Floquet 理论或其他方法确定稳态响应是否稳定。结合运用打靶法和 Floquet 理论，既能直接求得转子系统稳态周期响应的数值解，又能同时确定其稳定性。此外，Hopf 分叉分析[94]、Lyapunov 直接方法[64, 95]、Lyapunov 第一近似理论[96, 97]、中心流形定理和奇异性分析[98]等也被用于转子系统振动稳定性研究。

变参数转子系统的研究主要涉及刚度、阻尼、惯性矩的非对称性及质量的时变、裂纹等问题，都将导致转子系统动力学支配方程为周期变系数微分方程。Tondl 对刚度不对称单圆盘转子的振动特性进行了理论分析，为了简化分析，采用了随轴转动的坐标系，忽略了支承的柔性和阻尼。其分析结果表明，刚度不对称引入两个临界速度，两者之间为不稳定区域。Rajalingham 等[99]研究了支承柔性和阻尼对非对称刚度转子系统稳定性的影响，表明适当的支承特性可以完全消除不稳定区域。Kang 等[65]对具有不对称轴和圆盘的转子系统采用有限元建模,用谐波平衡法求解稳态响应并确定临界速度。Ishida 等[48]用谐波平衡法研究了非线性(源于轴承间隙)对非对称转子系统不稳定区域的影响,并给出了试验结果。Cveticanin[63]用多尺度法研究了可变质量和刚度非线性转子的不平衡响应,用 K-B 法和 Lyapunov 直接方法研究了变参数(质量、阻尼、刚度和陀螺力)弱非线性转子的动力学行为。

为了识别早期裂纹的位置和大小,裂纹转子的振动特性研究引起了广泛的关注,众多研究者提出了各不相同的裂纹模型[97, 100]。薛璞[101]采用开闭裂纹模型,结合有限元法和 Wilson-θ 法分析了一个裂纹转子的次谐波和超谐波振动特性。朱晓梅和高建民[62]针对理想和非理想能源,研究了裂纹转子加速通过主共振区、次共振区和参数共振区的非稳态振动。基于分析结果,作者认为转子加速通过次共振区和参数共振区的瞬态振动特性可作为裂纹诊断的依据。郑吉兵和孟光[60]用数值积分研究了非线性涡动下裂纹转子的分岔和混沌特性。

本书在现有研究的基础上,以汽轮发电机组转子系统为研究对象,建立了叶盘转子系统模型,对两端刚性支承单圆盘偏置转子进行了理论计算分析,通过改变转子系统参数时变对应的轮盘位置和质量,利用试验测量了不同轮盘质量和位置的转子临界转速,试验研究得出了与理论分析和有限元结果吻合的结论,同时引入灵敏度分析方法,分析了参数时变变量对应轮盘质量和位置变化对汽轮机转子临界转速影响。

1.2.3　轮盘及叶片振动研究现状

叶盘系统是由叶片和轮盘组成,在早期的研究中,为了简化问题,主要是将两者分开独立研究。但是随着旋转机械性能需求的不断提高,新材料的不断发明和使用等,轮盘结构的厚度、质量和弯曲刚度等参数都在不断减小。早期研究的叶盘模型大多数都是轮盘结构的厚度和质量明显大于叶片结构,且前者的弯曲刚度远大于后者。显然这些情况已经与现状不太符合,将两者看成一个整体系统进行研究是目前关于叶盘系统研究的趋势。关于叶盘结构振动特性的研究主要分为轮盘振动和叶片振动。

(1)轮盘振动的研究

轮盘振动分析的方法主要是基于板振动分析的理论,1850 年之前,Kirchoff[102]为了计算自由薄圆板的固有特性,就已经推导出了超越方程。1922年,Southwell[103]针对中心固定、周边自由的均匀薄板,推导出了运动方程,并求解了其振动特性。1965 年，Vogel 和 Skinner[104] 推导出了各种不同边界条件下均匀薄板的振动微分方程，并计算了其固有特性。1956 年，Ehrich[105] 将变厚度圆盘分割成圆环，使用三角余弦函数来表示周向位移，由圆盘外环到内环逐步计算，即用矩阵递推法计算变厚度旋转圆盘的固有频率。1965 年，Mote[106] 为了研究初应力、热应力及旋转惯性对轮盘振动特性的影响，使用 Rayleigh-Ritz 法分析了中心固定的变厚度薄圆盘的振动特性，并指出对于均匀厚板问题，在薄板理论基础上考虑剪切变形与转动惯性的影响便能解决。

以上这些解法都属于理论解的范畴，并且所研究的模型也相对比较简单。对于工程实际中的复杂结构，使用这些方法就显得太过繁杂了。因此，随着计算机技术的发展，各种数值解法逐渐发展壮大起来。对连续体进行离散化，将一个无限自由度的问题转换为有限自由度的问题，这就是有限元法的基本思想。1972 年，Singh 和 Ramaswamy[107] 使用一种具有 6 个节点、20 个自由度的高次扇形单元，分别以正弦函数和余弦函数的第一、二阶谐量作为其周向位移函数。1973 年，Pardoen[108] 提出了一种 2 节点、4 自由度的环形单元，径向转角和平动位移为每个节点的自由度，位移函数为均匀薄板弯曲微分方程的精确解，这种单元不仅可以正确地分析薄圆板的静力问题，对稳定问题和轴对称振动问题也具有很好的收敛性。1975 年，Wilson 和 Kirkhope[109] 以 2 节点环形单元为基础，考虑到剪切变形和旋转惯性的影响，提出了一种 2 节点、8 自由度的环形单元，其位移函数在径向为三次多项式，周向为余弦函数。1976 年，在 Mindlin 厚板理论的基础上，Soares 等[110] 建立了一种厚扇形单元。这种单元有 8 个节点、24 个自由度，同样也是以周向转角和平动位移作为每个节点上的自由度。计算时推导出刚度矩阵和质量矩阵之后，根据圆盘结构的旋转对称特点，可以利用波传动法对整个结构的振动特性进行求解。1978 年，Soares 和 Petyt[111] 以 3 节点厚环形单元为基础，发展了一种 2 节点、12 自由度的厚环形单元，这种单元仅以圆环内、外半径处的两点作为几何节点。Irretier 和 Reuter[112] 通过非接触对称圆盘进行了模态分析，得出模态频率受离心力、旋转力和空气阻力的影响分析。Dubas 和 Schuch[113] 用有限元建立了等参数壳体模型，并计算了自然频率和水轮机转轮的振型。Bidinotto[114] 对航空发动机简单模型利用激光激振器在一点激振，同时利用红外检测技术检测热变形，从而得出模型的模态振型。Bando 等[115] 采用锤击试验方法对圆盘进行自然频率测量，并与能量方程的算法进行比对。

国内对轮盘振动特性的研究虽然较晚，但在近年来也取得了很多成果。高德平[116]建立了联结环形等参单元和环形厚板单元的一种环形过渡单元，这种环形单元利用了半解析的方法，将三维问题转化为二维问题来求解，大大节省了计算量和求解时间，对于轴对称结构的动力分析具有重要意义。朱梓根[117]采用薄板和厚板两种理论，将轮盘振动特性的问题转化为一阶微分方程组进行数值计算，大大简化了计算机程序，缩短了计算时间。吴高峰等[118]根据离散化的周期旋转对称结构的刚度矩阵和质量矩阵形式，发展了一种快速确定其固有频率的算法，并证明这种结构存在一系列的重频率。

孙义冈等[119]采用两种有限元分析方法对汽轮机叶轮进行了模态分析，得出汽轮机整个轮系的模态频率和振型，并对汽轮机叶轮进行安全性评价。李德源等[120]对 600kW 风力机旋转风轮振动模态进行了数值分析，分析了影响固有频率的主要因素，比较了叶片固有频率对叶片材料各向异性动力刚化效应的敏感程度。白静[121]采用频谱分析法进行了单个叶片的静频率测量，测量的结果与实际结果比较吻合，但是测量需要同一点多次测量取其平均值，可能对测量结果产生一定的误差。文献[122]用锤击法对自由态的薄壳模态振型测试获得绝大部分振型，但对个别频率振型较难辨识。文献[123]用锤击法对某自由状态的薄壁圆管形结构模态振型测试，发现 SIMO 及 MISO 试验方法出现漏频，不能获得明显振型。文献[124]用激振法进行模态测试，认为传统激振方式存在激励能量不可控及附加刚度、质量影响等问题，造成长圆柱壳特定频段内模态较难激励。李晖等[125-126]利用单点激光旋转扫描，以共振频率激励的方法进行薄壁圆柱壳模态振型测试，测量结果比较理想，但是在薄壁圆柱壳本身上不能直观地观察出其振型。

（2）叶片振动的研究

对于叶片振动特性的研究，有限元方法也是主要的研究方法之一。基于有限元法的叶片振动模型主要分为两类：一类是基于梁理论的分析，另一类是基于薄板理论的分析。由于现在的叶片越来越薄，早期的基于梁理论的分析误差较大，基于薄板理论的分析更加准确，但是叶片所处的实际工作环境非常复杂，想要得到比较精确的结果还要根据实际情况建立不同的单元。

对于长叶片而言，具有比较大的自然扭曲度。为了反映长叶片这种特点和缩减其自由度，可以将长叶片简化为扭杆，从位移函数出发推导扭杆的动能、弹性势能及离心力势能。为此，需将长叶片沿高度方向离散为扭杆单元，建立其质量矩阵、弹性力刚度矩阵和离心力刚度矩阵，以进一步分析长叶片的振动特性[127]。相对于梁单元和壳单元，空间三维实体单元对长叶片和短叶片的振型计算具有更高的精度。但常用的三维等参单元会由于剪应变和正应变的误差导致叶片弯曲变形较大。针对这个问题，可以采用非协调单元来模拟分析叶片的振动[128]。谢永慧等[129-130]选取了三维 8 节点非协调单元，对叶片进行了三维有限元建模，研究了几何非线性变形对长叶片固有频率的影响。并进一步发展了一种三维实体混合单元模型，对叶片的静、动态应力进行了分析，根据模态迭加法对叶片的响应进行了计算。

对于叶片振动特性的研究，除了稳态响应特性，动态分析的研究也越来越受到关注。刘东远和孟庆集[131]等建立了叶片的动力学方程，求解了叶片的动应力，提出了模态力的概念，并进一步建立了优化叶片频率和激振力的数学模型，指出降低叶片动应力的主要方向为调整叶片振动模态、优化频率和激振力及增加叶片阻尼。陈朝辉等[132]建立了增压器压气机叶轮的三维实体模型，并运用有限元软件 I-DEAS 分析了叶轮的振动特性，获得了不同转速下叶轮的固有频率及振型。借助 MATLAB 软件绘制了叶轮的 Campbell 图，得到了最可能发生共振的叶轮转速和激振频率。杨文庆等[133]对某型航空发动机压气机四、六级叶片进行了研究，通过函数拟合了叶片静、动频与发动机转速的关系式，得到了叶片在任意转速下工作时的动频求解方法。

本书在现有研究的基础上，建立了轮盘模态解析模型，对圆周对称结构的轮盘进行解析计算，基于共振法原理，对模拟轮盘进行调频激振，提出一种以布置于轮盘上的细沙来表示模拟轮盘振型的模态测试试验分析方法，并将试验振型与解析计算和有限元计算结果进行对比分析。基于群论算法对叶盘系统模态进行计算分析，设计了 10 种叶盘系统参数工况，讨论了叶盘系统结构变化的影响因素分析。同时，建立了不同展弦比下的叶片结构模型，对叶片的固有频率求解分析，并讨论了各展弦比下叶片的固有振动特性。建立叶盘系统模型，对扭曲叶片和直叶片对应的叶盘系统进行动频分析，讨论了扭曲叶片和直叶片在不同展弦比下对叶盘系统动频影响的变化规律。

1.2.4 失谐叶盘叶片排序优化研究现状

旋转机械设备中，振动故障占总故障的 60% 以上，而叶盘系统振动能量分布不均匀出现的不平衡振动是导致叶盘系统振动故障主要原因之一。发动机的叶盘系统是一种圆周循环对称结构，由于制造误差、材料性质和使用中磨损不均匀等因素，往往导致各叶盘扇区区间会有小量的差别。在结构动力学上，这种小量差别称为失谐，而具有失谐的叶盘结构是一种失谐周期结构[134]。失谐破坏了叶盘系统的循环对称性，改变了叶盘系统的动力特性，造成叶盘系统受迫振动响应局部化，增加振动响应幅值，较高的振动响应降低了叶片的疲劳寿命，导致叶片高度疲劳失效。叶片在轮盘上的安装顺序不同会引起不同的受迫振动振幅，过大的响应振幅会造成叶片疲劳断裂，因此，更换或者安装叶盘系统叶片时，需要找到一个将振动抑制在合理范围内的安装方案。

近年来国内外学者广泛地开展了对失谐叶盘系统振动特性及动力学特性的理论、数值仿真及试验研究。20 世纪 80 年代初期，相关学者[135-137]基于相似性理论将振动局部化的概念引入到结构动力学领域。此后众多学者在失谐周期结构局部化振动方面进行了大量研究[138-143]。Sever 等[144] 和 Petrov 等[145] 在失谐叶盘的数值模拟分析上进行了论述，得出失谐叶盘局部化模态分析结果，利用试验结果进行比对，得出模态分析与试验结果十分吻合。Castanier[146] 等总结了基于有限元的各种模型建模原理及其在叶盘失谐识别、灵敏度分析和受迫响应预测的方法。Bladh[147] 等利用缩减的有限元模型对失谐叶盘受迫响应特性进行了研究，发现振动模态局部化的叶盘系统，其相应的受迫响应不一定会有较大增加，可能还会出现减小的情况；对于随机失谐叶盘系统从统计平均值来看，受迫响应是会增加的，并且受迫响应随着随机失谐程度的增大会出现峰值现象。可见失谐不一定会导致受迫响应的增加，若合理设计失谐方式也可能起到减振效果。

在国内，廖海涛等[148]和王建军等[149]进行了失谐叶盘系统振动局部化特性的理论与试验研究。王红健等[150]研究了失谐叶盘的模态和受迫振动响应，并将其投影到谐调叶盘系统的模态空间中，提出了一种节径谱的研究方案。研究结果表明，提出的节径谱研究方案能够较为准确地描述失谐对叶盘系统结构振动特性的影响。王艾伦等[151]对叶盘采用集中参数的建模方法，研究了叶片轮盘系统的固有振动局部化问题。结果表明，成组叶盘的叶盘系统对随机失谐不敏感，当在模态密集区域内，系统对随机失谐较为敏感。廖海涛等[152-154]运用集中参数的系统建模方法，获得对应协调系统叶片刚度失谐时的最差失谐模式和最大失谐幅值放大系数，表明了系统失谐跳变局部化现象；另外，基于智能优化方法，提出了失谐叶盘结构最差状态模态局部化的方法。于长波等[155-156]和王建军等[157]建立叶盘有限元仿真模型，引入错频的影响因素，分析了叶盘系统的模态和概率响应局部化特性。研究结果表明，错频会引起显著的振动局部化，并随着失谐量的增加，失谐系统的动力学响应水平及其分散程度都会存在一峰值。王建军等[158]通过建立不同的失谐叶片轮盘系统模型，研究了结构失效导致的系统振动局部化和周期丧失性问题。李岩等[159]在失谐叶盘系统的动力学特性及失谐叶片减振优化排布等方面进行了研究。黄飞等[160]和王艾伦等[161-162]通过建立含有穿透性裂纹的叶盘系统模型，研究了单一裂纹和双裂纹分布情况下，失谐叶盘系统的振动特性。研究结果表明，两个相邻的裂纹叶盘会导致系统重复固有频率对的明显分离，同时，增加系统的振动局部化程度。另外，两个裂纹叶片的不同分布形式均会影响失谐叶盘系统的基频和模态局部化程度。李帅等[163]和王艾伦等[164]建立了呼吸式裂纹的失谐叶盘系统模型，对比研究了张开式与呼吸式裂纹对系统固有特性和振动特性的影响，给出了呼吸式裂纹对叶盘系统振动局部化的影响规律。

失谐造成叶盘系统受迫振动响应局部化，增加振动响应幅值，失谐叶片在轮盘上的随机安装会引起较大的受迫振动，振动造成叶片疲劳断裂。因此，更换或者安装发动机叶片时需要合理的安装方案。Box 等[165]考虑利用主动失谐来降低叶盘对随机失谐的敏感性，选用遗传算法对 A、B 两种主动失谐叶片进行了优化排列。Rahimi[166]首先使用遗传算法求得最差的失谐排列，然后通过主动失谐的方法替换一部分叶片使叶盘系统整体振动水平下降。Vargiu 等[167]将整个叶盘系统分为几个扇区，先对扇区内部叶片优化，然后将各个扇区作为一个整体进行优化排序。Choi 等[168]首先对 A、B 两种叶片进行随机排序，计算出定激励下的最大和最小振幅从而估算叶片放大系数与灵敏度系数，再根据这两个系数使用遗传算法对其进行排序。Choi 等[169]同时使用了多种启发式算法对失谐叶片进行排序。Scarselli 等[170]使用遗传算法成功地得到 21 个叶片的叶盘系统的最优解。

在国内，杨训等[171]与陈晓敏等[172]从静力学配平的角度对叶片排布进行了优化。赵德胜[173]通过将多约束条件化简为单约束条件的方法简化了失谐叶片排序问题。岳健民等[174]使用对多个约束条件逐个寻优的逐步调优方法研究叶片排序问题。文献[175-179]用遗传算法以减轻振动局部化为目的对叶片排布进行了优化。袁惠群等[180]和赵天宇等[181]通过建立集中参数模型，对失谐叶盘系统的减振优化排布问题进行研究，根据不同的智能优化算法，提出了一种新的优化排序方式。研究结果表明，叶片不同的安装顺序会对叶盘系统的固有特性产生极大的影响，适当的叶片排布方式能有效地降低叶盘系统受迫振动的幅值，减弱系统振动的局部化程度。

本书在以上研究基础上，提出失谐叶盘系统振动测试试验方法，考虑在一组既定失谐量情况下，对不同叶片排布失谐叶盘系统进行响应测试，为排序优化分析提供数据样本，提出基于迭代响应面与离散遗传粒子群优化算法联合的失谐叶片排序优化方法，获得最佳振动的叶片排序方案。

1.3 主要研究内容

旋转机械叶片及轮盘构成了转子系统的叶盘系统，叶盘系统是旋转机械的主要做功部件，大型旋转机械如燃气轮机和汽轮发电机组的叶盘系统工作时处于高温、高压、高速等恶劣环境中，为保证上述设备安全、稳定、高效运行，要保证叶盘转子系统尽量少的事故发生。本书以燃气轮机和汽轮发电机组转子叶盘系统为研究对象，开展了叶盘转子系统动力学特性和试验研究，其中涉及叶盘转子系统不平衡响应及其在动平衡中的应用研究、相关参数对转子临界转速灵敏度分析、叶盘系统参数变化对模态及振型的影响分析、不同展弦比对叶盘系统的振动特性分析、失谐叶盘系统的振动特性研究与叶片排布优化等方面的内容。主要研究工作如下。

第1章为绪论。介绍本书的来源，阐述了叶盘转子系统动力学特性与试验研究的背景及意义。同时，对叶盘转子动力学特性、转子系统非线性动力学特性、轮盘及叶片振动、失谐叶盘叶片排序优化的国内外研究现状进行综述，并指出需要解决的主要问题。最后，简要介绍本书的研究内容。

第2章为叶盘转子系统不平衡响应及其在动平衡中的应用研究。以燃气轮机叶盘转子系统为研究对象，建立了其叶盘轴一体化模型，应用传递矩阵法求解了叶盘转子系统的固有振动特性和不平衡响应，并与ANSYS子结构法计算结果进行了比较，验证了所采用分析方法的正确性。同时，讨论了不平衡质量对叶盘转子振动特性的影响及其在动平衡中的应用。

第3章为轮盘质量和位置对转子临界转速影响研究。以汽轮发电机组转子系统为研究对象，建立了叶盘转子系统模型，对两端刚性支承刚性薄单圆盘偏置转子进行了理论计算分析，利用试验测量了不同轮盘质量和位置的转子临界转速,试验研究得出了与理论分析和有限元结果吻合的结论,同时引入灵敏度分析方法,分析了轮盘质量和位置变化对汽轮机转子临界转速影响。

第4章为叶盘系统参数变化对振动特性影响研究。建立了轮盘模态解析模型,对圆周对称结构的轮盘进行解析计算,基于共振法原理,对模拟轮盘进行调频激振,用轮盘上细沙运动来表示模拟轮盘振型,并将试验振型与解析计算和有限元计算结果进行对比分析,验证试验可靠性。在此基础上,基于群论算法对叶盘系统模态进行计算分析,设计了10种叶盘系统参数工况,讨论了叶盘系统结构变化的影响因素分析。

第5章为叶片展弦比对叶盘系统振动特性的影响。建立了不同展弦比下的叶片结构模型,对叶片的固有频率求解分析,并讨论了各展弦比下叶片的固有振动特性。在此基础上,建立叶盘系统模型,对扭曲叶片和直叶片对应的叶盘系统进行动频分析,讨论了扭曲叶片和直叶片在不同展弦比下对叶盘系统动频影响的变化规律。

第6章为失谐叶盘系统叶片排序优化研究。提出失谐叶盘系统振动测试试验方法,考虑在一组既定失谐量情况下,对不同叶片排布失谐叶盘系统进行响应测试,为排序优化分析提供数据样本,提出基于迭代响应面与离散遗传粒子群优化算法联合的失谐叶片排序优化方法,获得最佳振动的叶片排序方案。采取基本二次型多项式响应面对失谐叶盘系统进行拟合,通过拟牛顿算法确定拟合系数,基于离散遗传粒子群算法进行多项式极值求解。

第7章为结论与展望。总结全文的主要结论,并对叶盘转子系统动力学特性和试验研究的下一步提出建议。

第 2 章　叶盘转子系统不平衡响应及其在动平衡中的应用研究

在关系国民经济命脉的各行各业中，旋转机械起着举足轻重的作用。叶盘转子系统作为旋转机械的核心部件，其运行的安全可靠性至关重要。振动是影响旋转机械安全稳定运行的关键因素之一，由不平衡引起的振动故障最为常见，占故障总量的 80% 以上。由于不平衡故障具有复杂性及高发性，使得不平衡响应特性成为了转子动力学领域急需解决的问题之一。转子不平衡是指转子系统运行时各微元质量的离心惯性力系不平衡，存在回转质量偏心，即沿转子轴向各横截面的重心不在回转中心线上。对于旋转机械来说，当转速比较高时，即使质量偏心很小，也会产生很大的离心应力。根据计算可得，在转速为 3000 r/min 下，质心偏离旋转中心线 0.1 mm，其所造成的离心力大小与转子重量近似，这个离心力将会导致转子系统产生很大的振动。

不平衡响应由转子或叶盘的不平衡质量引起，对转子不平衡响应的研究主要是针对定转速时的稳态响应和变转速时的瞬态响应特性分析，其目的就是为转子优化设计、提高效率、保证安全、减少故障和延长寿命提供理论和技术上的支持与保障。对不平衡响应的分析，可以有效地指导旋转机械的现场动平衡，提高动平衡效率，减少启停机次数，为工业生产节约运行和设备维护成本，提高全厂经济效益。

本章以某型烟气轮机叶盘转子系统为研究对象，建立了其叶盘轴一体化模型，应用传递矩阵法求解了叶盘转子系统的固有振动特性和不平衡响应，并与ANSYS 子结构法计算结果进行了比较，验证了所采用分析方法的正确性。同时，讨论了不平衡质量对叶盘转子系统振动特性的影响及其在动平衡中的应用。

2.1　传递矩阵法基本理论

2.1.1　传递矩阵模型分类

传递矩阵法是一种线性振动的近似计算方法,适用于计算链状结构的固有频率和主振型,多个圆盘的扭振和汽轮机发电机组的转轴系统等问题。其基本原理为:取不同的转速值,从转子支撑系统的一端开始,循环进行各轴段截面状态参数的逐段推算,直到满足另一端的边界条件。

传递矩阵模型可分为集中质量模型和分布质量模型两种。集中质量模型是在不改变转子原有弹性的前提下,将转子的质量和转动惯量集中到许多节点上,简化成有限个自由度的模型;而分布质量模型是把转子抽象为有限个刚性圆盘及沿分布质量轴段在有限个节点对接组合而成的模型,即整个转子的质量沿轴线分布。

2.1.1.1　集中质量模型

为了建立集中质量模型,需对转子模型进行特定的离散化。通常,无弹性的集中质量成为节点(point),无质量的弹性轴段成为场(field),支座和附加在轴上的集中质量也通常简化为节点。

转子系统的离散化包括转子系统质量和转动惯量的离散化、转轴刚度的等效,以及转子系统支承的简化。

设第 j 个轴段的长度为 l_j,第 $k(k=1,2,\cdots,S)$ 个子轴段单位长度的质量、极转动惯量、直径(赤道)转动惯量和长度分别为 μ_k,j_{pk},j_{dk} 和 l_k;第 k 个子段质心到第 j 个轴段左端的距离为 a_k。

质量集中遵循质心位置不变的原则,即简化后集中到两端的质量与简化前轴的总质量相等,集中到两端的质心位置不变;简化前后的两种模型或状态的质心位置相同。经分析可得,质量集中等效的公式为

$$\begin{cases} m_j^R = \dfrac{\displaystyle\sum_{k=1}^{S} \mu_k l_k a_k}{l_j} \\[4mm] m_j^L = \dfrac{\displaystyle\sum_{k=1}^{S} \mu_k l_k (l_k - a_k)}{l_j} \end{cases} \tag{2.1}$$

转动惯量集中遵循转动惯性不变的原则，即简化后集中到两端的转动惯量与简化前轴的总转动惯量相等。经分析可得，转动惯量集中等效的公式为

$$\begin{cases} J_{dj}^R = \displaystyle\sum_{k=1}^{S} J_{dk}^R = \sum_{k=1}^{S} \dfrac{a_k^2}{a_k^2 + (l_j - a_k)^2} \left[j_{dk} l_k + \dfrac{1}{12} \mu_k l_k^3 - \mu_k l_k a_k (l_j - a_k) \right] \\[4mm] J_{dj}^L = \displaystyle\sum_{k=1}^{S} J_{dk}^L = \sum_{k=1}^{S} \dfrac{(l_j - a_k)^2}{a_k^2 + (l_j - a_k)^2} \left[j_{dk} l_k + \dfrac{1}{12} \mu_k l_k^3 - \mu_k l_k a_k (l_j - a_k) \right] \end{cases}$$

$$\begin{cases} J_{pj}^R = \displaystyle\sum_{k=1}^{S} J_{pk}^R = \sum_{k=1}^{S} \dfrac{a_k^2}{a_k^2 + (l_j - a_k)^2} j_{pk} l_k \\[4mm] J_{pj}^L = \displaystyle\sum_{k=1}^{S} J_{pk}^L = \sum_{k=1}^{S} \dfrac{(l_j - a_k)^2}{a_k^2 + (l_j - a_k)^2} j_{pk} l_k \end{cases}$$

$$\tag{2.2}$$

当第 $j(j = k)$ 个轴段为单段的等截面轴时，质量及转动惯量的集中等效公式可简化为

$$\begin{cases} m_j^R = m_k^R = \dfrac{1}{2} \mu_k l_k \\[4mm] m_j^L = m_k^L = \dfrac{1}{2} \mu_k l_k \end{cases}$$

$$\begin{cases} J_{dj}^R = J_{dk}^R = \dfrac{1}{2} j_{dk} l_k - \dfrac{1}{12} \mu_k l_k^3 \\[4mm] J_{dj}^L = J_{dk}^L = \dfrac{1}{2} j_{dk} l_k - \dfrac{1}{12} \mu_k l_k^3 \end{cases}, \quad \begin{cases} J_{pj}^R = J_{pk}^R = \dfrac{1}{2} j_{pk} l_k \\[4mm] J_{pj}^L = J_{pk}^L = \dfrac{1}{2} j_{pk} l_k \end{cases} \tag{2.3}$$

其中

$$\begin{cases} j_{dk} = \dfrac{\mu_k}{12}(3r_k^2 + l_k^2) \\ j_{pk} = \dfrac{1}{2}\mu_k r_k^2 \end{cases}, \quad \begin{cases} \mu_k = \rho \pi r_k^2 \\ r_k^2 = (d_k/2)^2 \end{cases}$$

转子刚度等效的原则是，当等截面直梁发生纯弯曲时，轴段两端截面的相对转角保持不变，如图 2.1 所示。由材料力学可知：$d\theta = \dfrac{dx}{\rho} = \dfrac{Mdx}{EI}$。

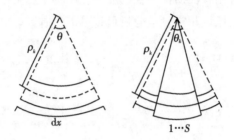

图 2.1　等直梁微单元变形几何图

经分析可知，令弯矩 $M=1$，轴段截面的相对转角 $\theta = \dfrac{l}{\rho} = \dfrac{l}{EI} = \sum \theta_k = \sum \left(\dfrac{l}{EI}\right)_k$，从而有：$\left(\dfrac{l}{EI}\right)_j = \sum\limits_{k=1}^{S} \left(\dfrac{l}{EI}\right)_k$。其中，$(EI)_k$ 为各变截面的抗弯刚度，惯性矩 $I_k = \left(\dfrac{\pi d^4}{64}\right)_k$。当第 j 段轴为等截面时，则 $S = 1$。

对于各向同性的转子支承，可简化为图 2.2 所示的模型，其中 k_p 为油膜刚度系数，M_b 与 k_b 分别为轴承座及基础的等效质量和等效静刚度系数，k 为转子轴承支承的总刚度系数。

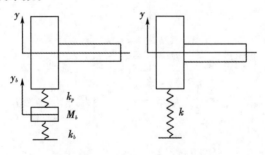

（a）轴承质量与刚度　　　　（b）等效刚度

图 2.2　各向同性支承模型

经分析可得,转子支承的总刚度系数 k 为

$$k = \frac{k_p(k_b - M_b\omega^2)}{k_p + k_b - M_b\omega^2} \qquad (2.4)$$

2.1.1.2　分布质量模型

分布质量模型又称连续质量模型,是对叶盘轴系的精确描述。分布质量法是将单元抽象为一个均质等截面的弹性体,以弹性体自由振动的各阶振型或相应的假设模态函数作为单元的振动模态。即把转子离散成若干轴段,节点取在圆盘集中质量或轴变截面处,这样每个轴段都是等刚度的均布质量轴段。

分布质量模型用偏微分方程的形式表示,既能准确地计算轴系低阶频率和振型,也可计算高阶频率和振型,还可方便地计算轴系任意截面上的受力情况,因而这种模型更接近于实际系统。但其求解过程复杂,运算量较大,用分布质量模型计算时一般需要进行离散、降阶等处理。

2.1.2　典型元件的传递矩阵

传递矩阵分析的关键是建立转子各轴段和节点两端状态参数之间的传递关系,即传递矩阵。叶盘转子系统可被离散为圆盘、轴段和支承等若干单元部件,现建立这些单元或部件两端截面状态变量之间的传递关系,再利用连续条件即可求得转子任意截面的状态变量与起始截面的状态变量之间的关系。假设支承刚度各向同性,则系统的状态矢量可简化为:$Z = \{y \quad \theta \quad M \quad Q\}$。

2.1.2.1　刚性薄圆盘的点传递矩阵

对于各向同性转子系统,仅分析铅垂方向即可。设 y_i、θ_i 分别为圆盘铅垂方向的线位移和铅垂面 yoz 内的角位移,M_i 和 Q_i 分别为第 i 个圆盘截面上的弯矩和剪力,J_p 和 J_d 分别为圆盘的极转动惯量和直径转动惯量,Ω 和 ω 分别为转子自转角速度和公转(涡动)角速度。分析可知,圆盘的惯性力为 $m\omega^2 y_i$,惯性力矩为 $\left(J_d - J_p \dfrac{\Omega}{\omega}\right)\omega^2\theta_i$。

第 i 个刚性薄圆盘的受力如图 2.3 所示。

经推导可得

$$Z_i^R = P_i Z_i^L \qquad (2.5)$$

则第 i 个刚性圆盘的点传递矩阵为

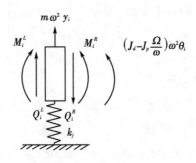

图 2.3　刚性薄圆盘受力图

$$
\boldsymbol{P}_i = \begin{bmatrix} 1 & 0 & 0 & 0 \\ 0 & 1 & 0 & 0 \\ 0 & -\left(J_d - J_p\dfrac{\varOmega}{\omega}\right)\omega^2 & 1 & 0 \\ m\omega^2 - k_j & 0 & 0 & 1 \end{bmatrix}_i \tag{2.6}
$$

2.1.2.2　弹性轴段的场传递矩阵

第 i 段轴段左侧上的弯矩、剪力用第 $i-1$ 个集中质量(节点)的右端的弯矩和剪力表示，第 i 段轴段右侧上的弯矩、剪力用第 $i+1$ 个集中质量(节点)的左端的弯矩和剪力表示，而不是用该轴段自身左右端的弯矩和剪力表示。

第 i 段弹性轴段的受力如图 2.4 所示。

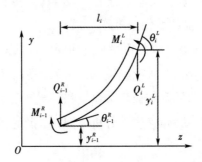

图 2.4　弹性轴段受力图

经推导可得

$$
Z_i^L = F_i Z_{i-1}^R \tag{2.7}
$$

则第 i 段弹性轴段的场传递矩阵为

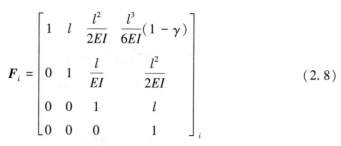

$$F_i = \begin{bmatrix} 1 & l & \dfrac{l^2}{2EI} & \dfrac{l^3}{6EI}(1-\gamma) \\ 0 & 1 & \dfrac{l}{EI} & \dfrac{l^2}{2EI} \\ 0 & 0 & 1 & l \\ 0 & 0 & 0 & 1 \end{bmatrix}_i \tag{2.8}$$

其中，$\gamma = k_s \dfrac{6E_iI_i}{G_iA_il_i^2}$ 为剪切效应系数，若不计剪切效应，则 $\gamma = 0$。

2.1.2.3　盘轴单元的传递矩阵

第 i 个盘轴单元的受力如图 2.5 所示，轴段横截面上的内力有剪力 Q、弯矩 M、惯性力 $m\omega^2 y_i$ 和惯性力矩 $\left(J_d - J_p \dfrac{\Omega}{\omega}\right)\omega^2 \theta_i$，其正负号规定与材料力学中的规定相同。

经推导可得

$$Z_{i+1}^L = F_i Z_i^R = F_i P_i Z_i^L = T_i Z_i^L \tag{2.9}$$

则第 i 个盘轴单元的传递矩阵为

$T_i = F_i \cdot P_i$

$$= \begin{bmatrix} 1 & l & \dfrac{l^2}{2EI} & \dfrac{l^3}{6EI}(1-\gamma) \\ 0 & 1 & \dfrac{l}{EI} & \dfrac{l^2}{2EI} \\ 0 & 0 & 1 & l \\ 0 & 0 & 0 & 1 \end{bmatrix}_i \cdot \begin{bmatrix} 1 & 0 & 0 & 0 \\ 0 & 1 & 0 & 0 \\ 0 & -\left(J_d - J_p \dfrac{\Omega}{\omega}\right)\omega^2 & 1 & 0 \\ m\omega^2 - k_j & 0 & 0 & 1 \end{bmatrix}_i$$

$$= \begin{bmatrix} 1 + \dfrac{l^3}{6EI}(1-\gamma)(m\omega^2 - k_j) & l - \dfrac{\omega^2 l^2}{2EI}\left(J_d - J_p \dfrac{\Omega}{\omega}\right) & \dfrac{l^2}{2EI} & \dfrac{l^3}{6EI}(1-\gamma) \\ \dfrac{l^2}{2EI}(m\omega^2 - k_j) & 1 - \dfrac{\omega^2 l}{EI}\left(J_d - J_p \dfrac{\Omega}{\omega}\right) & \dfrac{l}{EI} & \dfrac{l^2}{2EI} \\ l(m\omega^2 - k_j) & -\left(J_d - J_p \dfrac{\Omega}{\omega}\right)\omega^2 & 1 & l \\ m\omega^2 - k_j & 0 & 0 & 1 \end{bmatrix}_i \tag{2.10}$$

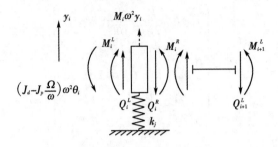

图 2.5 盘轴单元的受力模型

2.1.2.4 分布质量轴段的场传递矩阵

分布质量轴段的坐标系及参数定义如图 2.6 所示。Oz 轴为转轴静止状态的轴线，由左向右为正；Oy 轴为转轴弯曲振动的横向位移，向上为正。i 轴段由 z_{i-1} 到 z_i，记为 $i-1$ 与 i 截面，截面上的状态参数有位移 y_{i-1}，y_i；转角 θ_{i-1}，θ_i（反时针方向为正）；弯矩 M_{i-1}，M_i（使转轴发生正弯曲为正）与切力 Q_{i-1}，Q_i（使轴段产生恢复力矩为正）。在 xOz 平面进行分析时，所规定的符号完全类似，只将相应的 y 向改为 x 向即可。

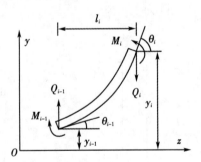

图 2.6 坐标系及参数符号

经推导可得，第 i 段均质轴段任意截面上的状态参数与初始截面上的状态参数之间关系的矩阵形式为

$$
\begin{Bmatrix} y \\ \theta \\ M \\ Q \end{Bmatrix}_i = \begin{bmatrix} S & \dfrac{T}{\lambda} & \dfrac{U}{EI\lambda^2} & \dfrac{V}{EI\lambda^3} \\ \lambda V & S & \dfrac{T}{EI\lambda} & \dfrac{U}{EI\lambda^2} \\ \lambda^2 EIU & \lambda EIV & S & \dfrac{T}{\lambda} \\ \lambda^3 EIT & \lambda^2 EIU & \lambda V & S \end{bmatrix}_i \times \begin{Bmatrix} y \\ \theta \\ M \\ Q \end{Bmatrix}_{i-1} \tag{2.11}
$$

上式建立了均质轴段在不计轴向力、转动惯量时两端截面上状态参数之间的关系，方阵为均质轴段的场传递矩阵，记为：

$$
T_C = \begin{bmatrix}
S & \dfrac{T}{\lambda} & \dfrac{U}{EI\lambda^2} & \dfrac{V}{EI\lambda^3} \\
\lambda V & S & \dfrac{T}{EI\lambda} & \dfrac{U}{EI\lambda^2} \\
\lambda^2 EIU & \lambda EIV & S & \dfrac{T}{\lambda} \\
\lambda^3 EIT & \lambda^2 EIU & \lambda V & S
\end{bmatrix}
\tag{2.12}
$$

其中，$\begin{cases} \lambda^4 = \dfrac{\omega^2 \rho A}{EI} \\ S = (\mathrm{ch}\lambda l + \cos\lambda l)/2 \\ T = (\mathrm{sh}\lambda l + \sin\lambda l)/2 \\ U = (\mathrm{ch}\lambda l - \cos\lambda l)/2 \\ V = (\mathrm{sh}\lambda l - \sin\lambda l)/2 \end{cases}$, $\begin{cases} E\text{——横向弹性模量}(\mathrm{N/m^2}) \\ I\text{——截面惯性矩}(\mathrm{m^4}) \\ A\text{——轴横截面}(\mathrm{m^2}) \\ l\text{——轴段长}(\mathrm{m}) \\ \rho\text{——单位体积质量}(\mathrm{kg/m^3}) \end{cases}$

2.1.2.5　支承元件的点传递矩阵

支承元件为三端元件，其左右端与轴段元件相连，第三端与支承轴承系统相连。具有横向弹性线刚度 k 与角转动刚度 C_b 的弹性支承，如图 2.7 所示。

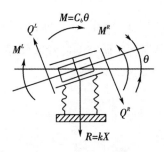

图 2.7　弹性支承节点

通过这种弹性支承时，支承将产生相应的支反力 $R = kX$ 与支反力矩 $M_b = C_b\theta$。可以写出弹性支承节点两侧状态参数之间传递关系的矩阵形式为

$$
\begin{bmatrix} X \\ \theta \\ M \\ Q \end{bmatrix}^R = \begin{bmatrix} 1 & 0 & 0 & 0 \\ 0 & 1 & 0 & 0 \\ 0 & C_b & 1 & 0 \\ -k & 0 & 0 & 1 \end{bmatrix} \begin{bmatrix} X \\ \theta \\ M \\ Q \end{bmatrix}^L
\tag{2.13}
$$

式中方阵为具有横向与角向弹性支乘的点传递矩阵

$$\boldsymbol{T}_{\mathrm{S}} = \begin{bmatrix} 1 & 0 & 0 & 0 \\ 0 & 1 & 0 & 0 \\ 0 & C_b & 1 & 0 \\ -k & 0 & 0 & 1 \end{bmatrix} \qquad (2.14)$$

若弹性支承仅具有横向刚度，无角向刚度，则 $C_b = 0$。在集中质量模型中，支承元件通常为匀质刚性薄圆盘元件（或集中质量元件）。在分布质量模型中，轴段总是作为均布质量轴段元件处理的，这时的支承元件是一个无质量、无弹性的元件，可简化写为

$$\boldsymbol{T}_{\mathrm{S}} = \begin{bmatrix} 1 & 0 & 0 & 0 \\ 0 & 1 & 0 & 0 \\ 0 & 0 & 1 & 0 \\ -k & 0 & 0 & 1 \end{bmatrix}$$

2.2　叶盘转子的固有振动特性分析

根据 YLⅡ-12000/32A 型烟气轮机结构的工程图纸和技术参数，对部分结构进行一定的简化处理，得到所要研究的叶盘转子系统的二维模型，叶盘转子系统的二维模型的具体尺寸如图 2.8 所示。

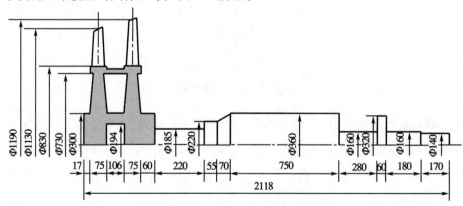

图 2.8　叶盘转子系统的二维模型

烟气轮机叶盘转子主轴材料采用合金钢 40CrNiMoA，其材料的弹性模量 $E = 2.09 \times 10^{11} \ N/m^2$，密度 $\rho = 7.90 \times 10^3 \ kg/m^3$，泊松比 $\mu = 0.3$；叶片和轮盘材料采用高温合金 GH864，其材料的弹性模量 $E = 2.09 \times 10^{11} \ N/m^2$，密度 $\rho = 7.50 \times 10^3 \ kg/m^3$，泊松比 $\mu = 0.27$。

2.2.1　传递矩阵模型的建立

依据烟气轮机叶盘转子系统的二维模型尺寸，使用 SolidWorks 对系统进行三维模型的建立。模型建立过程中实现了叶盘转子一体化建模，并且考虑了叶片倾角，使得所建模型更加接近实际。叶盘转子系统的三维模型如图 2.9 所示。

图 2.9　叶盘转子系统的三维模型

烟气轮机叶盘转子系统的结构比较复杂，虽然可直接对其进行有限元分析，但若应用传递矩阵法对其分析，仍需要进一步对模型简化。根据烟气轮机叶盘转子系统的三维模型可知，转子叶片、轮毂和部分轴段需要简化。应用转动惯量互等原理，将其简化成圆盘或轴段的形式。现以转子叶片为例，来具体说明简化的过程。

根据模型图可知，叶盘转子是由 57 个叶片组成，运用转动惯量互等的原理，将叶片简化成空心圆柱的形式，如图 2.10 所示，具体计算步骤如下：

$$n \times m_1 \times \left(\frac{a_1^2}{12} + d_1^2 \right) = \frac{m_2}{2} \times (R^2 + r^2)$$

其中，n ——轮盘叶片数；

$\quad m_1$ ——轮盘单个叶片的质量；

$\quad a_1$ ——轮盘叶片长度；

$\quad d_1$ ——叶片重心到转轴中心的距离；

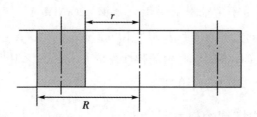

图 2.10　空心圆柱转动惯量参数表示

m_2——设计空心圆柱外环的总质量；

R——设计空心圆柱外环的外径；

r——设计空心圆柱外环的内径。

经过计算，即可分别得到轮盘一与轮盘二等效简化后的空心圆柱高度。

仿照上述过程，运用转动惯量互等的原理，将轮毂及相关轴段进行简化，最终得到简化后的转子模型，如图 2.11 所示。

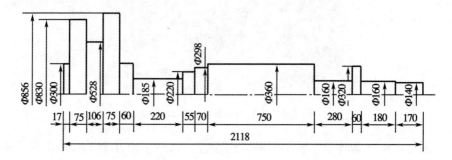

图 2.11　叶盘转子结构简化后的二维模型

由烟气轮机转子模型可知，其包含 13 个轴段，如图 2.12 所示。

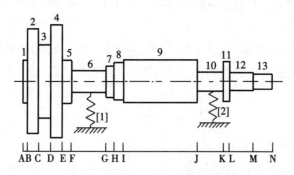

图 2.12　烟气轮机转子的轴段划分

2.2.1.1　集中质量模型

现对各轴段进行质量和转动惯量的集中等效及转轴刚度的等效,可求得离散化后等效的各个刚性薄圆盘质量 m 、赤道转动惯量 J_d 和极转动惯量 J_p 及各个轴段的刚度 EI ,如图 2.13 所示,具体数据见表 2.1 和表 2.2。

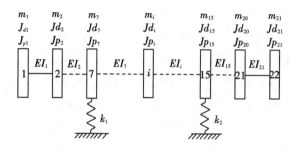

图 2.13　等效后各盘的质量和转动惯量及各轴段的刚度

表 2.1　　　　　　　　　各轴段等效后单位盘轴的相关数据

轴段编号	子轴段数	m/kg	J_d/(kg·m²)	J_p/(kg·m²)	EI/(N·m²)
1	1	4.50622	0.02524	0.05069	8.31e7
2	1	152.17335	6.48068	13.10402	4.87e9
3	1	87.03519	1.43501	3.03300	7.97e8
4	1	161.85642	7.33651	14.8248	5.51e9
5	1	16.75254	0.08921	0.18847	8.31e7
6	2	11.67947	0.01321	0.04997	1.20e7
7	1	8.25838	0.02290	0.04996	2.40e7
8	1	19.28491	0.09916	0.21407	8.09e7
9	3	100.51526	0.29066	1.62835	1.72e8
10	4	5.55936	0.00662	0.01779	6.72e6
11	1	19.060671	0.11627	0.24398	1.08e8
12	2	7.14775	0.00661	0.02287	6.72e6
13	2	5.16847	0.00322	0.01266	3.94e6

表 2.2 等效后各盘轴单元的相关参数

盘轴单元编号	m/kg	J_d/(kg·m²)	J_p/(kg·m²)	EI/(N·m²)
1	4.50622	0.02524	0.05069	8.31e7
2	156.67957	6.50592	13.15472	4.87e9
3	239.20853	7.91569	16.13703	7.97e8
4	248.89161	8.77151	17.85776	5.51e9
5	178.60897	7.42571	15.01322	8.31e7
6	28.43201	0.10241	0.23843	1.20e7
7	23.35894	0.02641	0.09993	1.20e7
8	19.93785	0.03611	0.09993	2.40e7
9	27.54329	0.12206	0.26404	8.09e7
10	119.80016	0.38982	1.84242	1.72e8
11	201.03051	0.58131	3.25669	1.72e8
12	201.03051	0.58131	3.25669	1.72e8
13	106.07462	0.29728	1.64614	6.72e6
14	11.11872	0.01325	0.03558	6.72e6
15	11.11872	0.01325	0.03558	6.72e6
16	11.11872	0.01325	0.03558	6.72e6
17	24.62003	0.12289	0.26177	1.08e8
18	26.20842	0.12288	0.26685	6.72e6
19	14.2955	0.01322	0.04575	6.72e6
20	12.31622	0.00983	0.03554	3.94e6
21	10.33694	0.00644	0.02533	3.94e6
22	5.16847	0.00322	0.01266	

根据转子支承的简化原则,将烟气轮机转子支承简化为两个弹性支承,其刚度系数为 $2×10^7 \sim 2×10^9$ N/m。在上述区间中,分别取弹性支承:$k_1 = 1.5×10^9$ N/m 和 $k_2 = 1×10^9$ N/m。

2.2.1.2 分布质量模型

由烟气轮机转子的物理结构尺寸分析,可将其简化为 2 个弹性支承和 15 段均质轴段,得到分布质量模型,并标注各节点序号,如图 2.14 所示,分布质量模型各轴段的具体数据见表 2.3 所示,表 2.3 列出了分部质量模型 15 段中每一段对应的长度和直径,利用该数据进行后面转子系统的固有频率和振型求解。

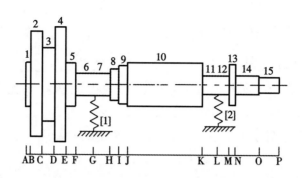

图 2.14　烟气轮机转子的分布质量模型

由于烟气轮机转子叶轮部分等效为均布质量轴段误差较大，这里仍按集中质量模型进行简化，而主轴部分则自然分段为等截面匀质轴段元件。根据转子支承的简化原则，将转子支承简化为两个弹性支承，分别取刚度系数为：$k_1 = 1.5 \times 10^9$ N/m 和 $k_2 = 1 \times 10^9$ N/m。

表 2.3　　　　　　　　　分布质量模型各轴段的具体数据

轴段编号	长度/m	直径/m
1	0.017	0.300
2	0.075	0.830
3	0.106	0.528
4	0.075	0.856
5	0.060	0.300
6	0.110	0.185
7	0.110	0.185
8	0.055	0.220
9	0.070	0.298
10	0.750	0.360
11	0.140	0.160
12	0.140	0.160
13	0.060	0.320
14	0.180	0.160
15	0.170	0.140

2.2.2 固有振动特性的计算

2.2.2.1 固有频率的求解

假设支承刚度各向同性,则烟气轮机转子的状态矢量可简化为

$$\boldsymbol{Z}_f = \{y \quad \theta \quad M \quad Q\} \tag{2.15}$$

根据烟气轮机转子的集中质量模型和分布质量模型可知,其边界条件如下

$$Q_1 = 0; \quad M_1 = 0 \tag{2.16}$$

即初始截面状态向量为

$$\boldsymbol{Z}_1^L = (y \quad \theta \quad 0 \quad 0)_1^{\mathrm{T}} \tag{2.17}$$

从转子左端到右端的传递关系为

$$\boldsymbol{Z}_n^R = T_n T_{n-1} T_{n-2} \cdots T_2 T_1 \boldsymbol{Z}_1^L \tag{2.18}$$

令传递矩阵 $\boldsymbol{A} = T_n T_{n-1} T_{n-2} \cdots T_2 T_1$,则有

$$\boldsymbol{Z}_n^R = A \boldsymbol{Z}_1^L \tag{2.19}$$

故

$$
\begin{pmatrix} y \\ \theta \\ M \\ Q \end{pmatrix}_n^R =
\begin{bmatrix}
a_{11} & a_{12} & a_{13} & a_{14} \\
a_{21} & a_{22} & a_{23} & a_{24} \\
a_{31} & a_{32} & a_{33} & a_{34} \\
a_{41} & a_{42} & a_{43} & a_{44}
\end{bmatrix}
\begin{pmatrix} y \\ \theta \\ 0 \\ 0 \end{pmatrix}_1^L =
\begin{bmatrix}
a_{11} & a_{12} \\
a_{21} & a_{22} \\
a_{31} & a_{32} \\
a_{41} & a_{42}
\end{bmatrix}
\begin{pmatrix} y \\ \theta \end{pmatrix}_1^L \tag{2.20}
$$

由烟气轮机转子的传递矩阵模型可知,末端截面的边界条件为

$$Q_n = 0; \quad M_n = 0 \tag{2.21}$$

即末端截面状态向量为

$$\boldsymbol{Z}_n^R = (y \quad \theta \quad 0 \quad 0)_n^{\mathrm{T}} \tag{2.22}$$

于是,可得

$$
\begin{pmatrix} y \\ \theta \\ M \\ Q \end{pmatrix}_n^R =
\begin{pmatrix} y \\ \theta \\ 0 \\ 0 \end{pmatrix}_n^R =
\begin{bmatrix}
a_{11} & a_{12} \\
a_{21} & a_{22} \\
a_{31} & a_{32} \\
a_{41} & a_{42}
\end{bmatrix}
\begin{pmatrix} y \\ \theta \end{pmatrix}_1^L \tag{2.23}
$$

即

$$
\begin{bmatrix} a_{31} & a_{32} \\ a_{41} & a_{42} \end{bmatrix}
\begin{pmatrix} y \\ \theta \end{pmatrix}_1 =
\begin{pmatrix} 0 \\ 0 \end{pmatrix} \tag{2.24}
$$

这是一个齐次代数方程组,其中各元素是涡动频率的函数,其系数行列式

为

$$\Delta(\omega^2) = \begin{vmatrix} a_{31} & a_{32} \\ a_{41} & a_{42} \end{vmatrix} \tag{2.25}$$

当该齐次代数方程组有非零解时，其系数行列式等于零。得转子系统的频率方程

$$\Delta(\omega^2) = \begin{vmatrix} a_{31} & a_{32} \\ a_{41} & a_{42} \end{vmatrix} = 0 \tag{2.26}$$

应用 MATLAB 编程解上述频率方程，即可得到烟气轮机转子的临界角速度。

2.2.2.2　转子振型的计算

在求得转子的临界角速度后，为了求对应转子的振型，可以利用边界条件

$$Q_N = (a_{41})_{N-1} y_1 + (a_{42})_{N-1} \theta_1 = 0 \tag{2.27}$$

由式(2.27)可求出两个初参数 θ_1 及 y_1 间的关系

$$\theta_1 = -\left(\frac{a_{41}}{a_{42}}\right)_N y_1 = \alpha y_1 \tag{2.28}$$

其中

$$\alpha = -\left(\frac{a_{41}}{a_{42}}\right)_N \tag{2.29}$$

求得转子的某阶临界角速度和临界转速后，由式(2.23)可得

$$\begin{pmatrix} y \\ \theta \end{pmatrix}_i = \begin{bmatrix} a_{11} & a_{12} \\ a_{21} & a_{22} \end{bmatrix}_{i-1} \begin{pmatrix} y \\ \theta \end{pmatrix}_1 = \begin{bmatrix} a_{11} + \alpha a_{12} \\ a_{21} + \alpha a_{22} \end{bmatrix}_i y_1 \quad (i = 1, 2, 3, \cdots, n)$$

$$\tag{2.30}$$

可求得各截面线位移 y 和角位移 θ 的比例解，即对应于该阶临界转速的模态振型。为了便于比较，可令 $y_1 = 1$，则得到归一化振型。

2.2.3　求解结果的对比验证

在前面章节中，已经建立了烟气轮机转子的集中质量模型和分布质量模型，并介绍了应用传递矩阵法求解烟气轮机转子模态的过程。现针对两种模型所求得的固有频率与振型进行对比分析，从而判断出方法的可靠性。

2.2.3.1　固有频率的比较

分别将集中质量模型和分布质量模型所得到的各阶临界频率及其误差列于

表 2.4 中, 两种模型固有频率比较及误差走势如图 2.15 所示。

表 2.4　　　　　　　　两种方法的误差分析

阶次	集中质量模型 $\omega_{c_1}/(\text{rad}\cdot\text{s}^{-1})$	分布质量模型 $\omega_{c_2}/(\text{rad}\cdot\text{s}^{-1})$	绝对误差 $\omega_{c_1}-\omega_{c_2}/(\text{rad}\cdot\text{s}^{-1})$	相对误差/% $(\omega_{c_1}-\omega_{c_2})/\omega_{c_1}$
1	115.09	115.02	0.07	0.06
2	228.91	227.88	1.03	0.45
3	286.38	280.65	5.73	2.00
4	878.07	835.04	43.03	4.90
5	1606.99	1528.97	78.02	4.86

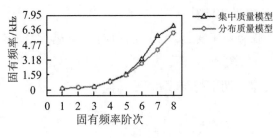

（a）固有频率的比较

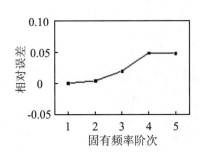

（b）1~5 阶误差走势

图 2.15　两种模型固有频率的对比

通过比较可以发现, 两种模型所求得的前 5 阶固有频率相对误差均在 5% 以内。集中质量模型是将转子简化为由许多无质量弹性轴段和多个集中质量（节点）, 而分布质量模型是把转子离散成若干均质等截面轴段。相对而言, 分布质量模型比集中质量模型更接近于实际, 但集中质量模型计算简单、效率较高。

2.2.3.2　转子振型的比较

现针对两种方法所得振型进行比较分析, 典型阶次的振型曲线如图 2.16

所示。

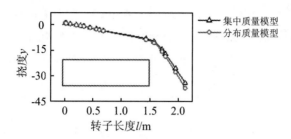

（a）第二阶振型曲线对比图

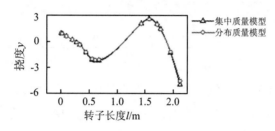

（b）第四阶振型曲线对比图

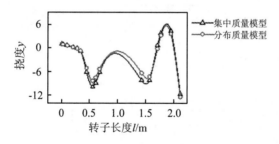

（c）第六阶振型曲线对比图

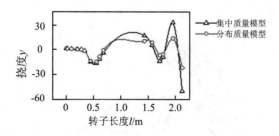

（d）第八阶振型曲线对比图

图 2.16　典型阶次的振型曲线对比图

从振型曲线对比图分析可知：两种方法所得振型吻合良好，特别是在低阶重合度更好，从而证明了两种模型计算结果的正确性。

2.2.3.3　与有限元结果的对比

现根据传递矩阵法计算的前 5 阶固有频率，与基于子结构法所计算得到的叶盘转子系统的固有频率进行比较分析，具体见表 2.5 所示。

表 2.5　　　　　　　　　子结构法与传递矩阵法固有频率比较

阶次	传递矩阵法/Hz	子结构法/Hz	相对误差/%
1	115.09	118.26	2.68
2	228.91	232.17	3.26
3	286.38	288.63	0.78
4	878.07	895.68	1.97
5	1606.99	1688.00	4.80

通过表 2.5 可以看出，由于子结构法与传递矩阵法模型的差异，所计算得到的烟气轮机转子频率存在一定的误差，但各阶频率的相对误差均在 5% 以内。

为了进一步验证两种方法的正确性，提取了典型阶次第四阶和第五阶的振型进行比较，如图 2.17 所示。

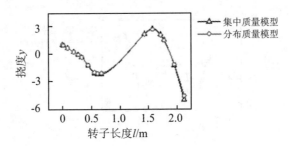

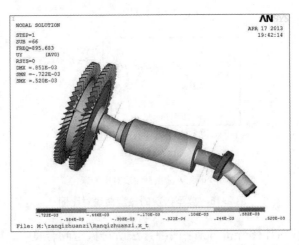

(a)第四阶振型曲线对比图

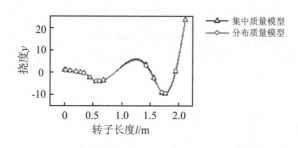

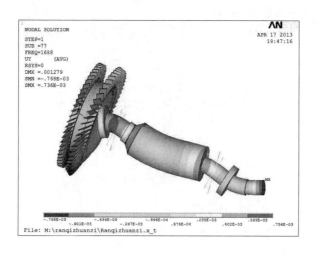

（b）第五阶振型曲线对比图

图 2.17　传递矩阵法与子结构法的振型对比图

通过图 2.17 传递矩阵法与子结构法的振型对比图可知，两种方法对应频率的振型基本一致，进一步验证了传递矩阵法与子结构法的正确性。

2.3　叶盘转子系统的不平衡响应分析

转子不平衡是指在运行时各微元质量的离心惯性力系不平衡，存在回转质量偏心，即沿转子轴向各横截面的重心不都在回转中心线上。对于旋转机械来说，当转速比较高时，即使质量偏心很小，也会产生很大的离心应力。根据计算可得，在转速 3000 r/min 下，质心偏离旋转中心线为 0.1 mm，其所造成的离心力大小与转子重量近似，这个离心力将会导致转子系统产生很大的振动。

不平衡响应由转子或转盘的不平衡质量引起，对转子不平衡响应的研究主要是针对定转速时的稳态响应和变转速时的瞬态响应特性分析，其目的就是为转子优化设计、提高效率、保证安全、减少故障和延长寿命提供理论和技术上的支持与保障。

2.3.1　转子不平衡振动机理

为了了解不平衡引起振动的机理，以两端刚性支承的 Jeffcott 转子为研究对象，其系统简图如图 2.18 所示。

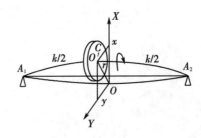

图 2.18　单圆盘转子模拟

为了建立模型，采用如下假设。

① 在两支承中间安装单圆盘，不计柔性轴质量；

② 轴刚度就是弯曲刚度，其值远小于刚性支承；

③ 不计陀螺效应。

2.3.1.1　单圆盘转子模型和涡动

转轴在圆盘重力的作用下发生弯曲变形，静态的挠曲线为 $A_1 - C - A_2$，此时圆盘的转动中心在 O 点。以 O 为原点，取 X、Y 两个坐标轴。如果圆盘的质心和转动中心重合，圆盘转动后的挠曲线仍然是 $A_1 - C - A_2$。

当在转动圆盘的一侧施加一个横向冲击后，转轴的弹性会使得圆盘做横向振动，圆盘的中心要移到 O'，可以用矢量 r 表示。假设圆盘的质量为 m，转轴的刚度系数是 k，圆盘受到的弹性恢复力为 F，则有

$$F = - kx \tag{2.31}$$

在直角坐标系中表示为

$$\begin{cases} m\ddot{x} = F_x = - F(x/r) = - kx \\ m\ddot{y} = F_y = - F(y/r) = - ky \end{cases} \tag{2.32}$$

设

$$\omega_n^2 = \frac{k}{m} \tag{2.33}$$

则有

$$\begin{cases} \ddot{x} + \omega_n^2 x = 0 \\ \ddot{y} + \omega_n^2 y = 0 \end{cases} \tag{2.34}$$

在两个坐标系中, 分别按照单自由度的自由振动求解, 得到

$$\begin{cases} x = X\cos(\omega_n t + \alpha_x) \\ y = Y\cos(\omega_n t + \alpha_y) \end{cases} \tag{2.35}$$

其中, 振幅 X, Y 和相位 α_x, α_y 根据初始条件便可以确定。

式(2.35)说明, 圆盘在冲击作用下, 中心 O' 在 x, y 向做频率为 ω_n 的简谐振动。将 x、y 依照时间 t 逐点画在坐标系中, 便可以得到圆盘中心 O' 的运动轨迹。一般情况下, 振幅 x 和 y 不相等, 轨迹是一个椭圆。O' 的这种运动是涡动, 或称作进动, ω_n 称为进动角速度。

2.3.1.2　圆盘偏心引起的强迫振动

如果圆盘质心 C 和转轴中心 O' 不重合, 则意味着圆盘的质量存在偏心。圆盘质量偏心受力分析, 如图 2.19 所示。

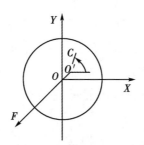

图 2.19　圆盘质量偏心受力分析

当圆盘以角速度 Ω 转动时, 质心 C 的加速度在坐标轴上的投影为

$$\begin{cases} \ddot{x}_C = \ddot{x} - e\Omega^2 \cos\Omega t \\ \ddot{y}_C = \ddot{y} - e\Omega^2 \sin\Omega t \end{cases} \tag{2.36}$$

其中, $e = O'C$ 为圆盘的偏心距。在转轴的弹性力 F 的作用下, 由质心运动定理, 有

$$\begin{cases} m\ddot{x}_C = -kx \\ m\ddot{y}_C = -ky \end{cases} \quad (2.37)$$

代入式(2.36)，可得轴心 O' 的运动微分方程

$$\begin{cases} \ddot{x} + \omega_n^2 x = e\Omega^2 \cos\Omega t \\ \ddot{y} + \omega_n^2 y = e\Omega^2 \sin\Omega t \end{cases} \quad (2.38)$$

这是强迫振动的微分方程，方程右边项为由偏心质量即不平衡质量所产生的激振力。

式(2.38)可以用复数形式表示为

$$\ddot{z} + \omega_n^2 z = e\Omega^2 e^{i\Omega t} \quad (2.39)$$

其特解为

$$z = Ae^{i\Omega t} \quad (2.40)$$

圆盘或转轴中心 O' 对于不平衡质量的响应为

$$z = \frac{e\,(\Omega/\omega_n)^2}{1 - (\Omega/\omega_n)^2}e^{i\Omega t} \quad (2.41)$$

这个响应是以 x, y 表示的；也就是说，圆盘在围绕 O' 以 Ω 转动的同时，它对质量偏心的响应是围绕着 O 点的运动。

从式(2.41)还可以知道，当 $\Omega = \omega_n$ 时，振幅趋于无限大。由于实际中存在阻尼，此时振幅会达到一个有限的峰值。这时的 ω_n 就是转轴的临界转速。

计入阻尼时，方程(2.39)变为

$$\ddot{z} + 2n\dot{z} + \omega_n^2 z = e\Omega^2 e^{i\Omega t} \quad (2.42)$$

方程(2.42)的解为

$$z = |A|e^{i(\Omega t - \theta)} \quad (2.43)$$

其中：

$$|A| = \frac{e\,(\Omega/\omega_n)^2}{\sqrt{[1 - (\Omega/\omega_n)^2]^2 + (2n/\omega_n)^2(\Omega/\omega_n)^2}}$$

$$\tan\theta = \frac{(2n/\omega_n)(\Omega/\omega_n)}{1 - (\Omega/\omega_n)^2}$$

由式(2.43)可得到幅频响应和相频响应。

2.3.2 不平衡响应的求解

应用传递矩阵法求解系统的不平衡响应，首先要建立转子的传递矩阵模

型。现以图 2.20 所示烟气轮机叶盘转子的集中质量模型,来说明应用传递矩阵法求解不平衡响应的具体过程。

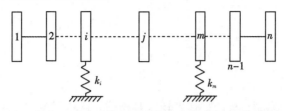

图 2.20　烟气轮机叶盘转子的集中质量模型

假设转子系统轴系上存在着偏心质量 m_i,偏心距 r_i,可将其等效为在某薄圆盘上加上了不平衡力 F_i。

不平衡力 F_i 的大小等于质量偏心引起的离心应力,即

$$F_i = m_i r_i \omega^2 \qquad (2.44)$$

令 $U_i = m_i r_i$,则有

$$F_i = U_i \omega^2 \qquad (2.45)$$

其中,U_i 为该节点圆盘具有的不平衡质量矩,ω 为转子的转速。

则圆盘两边状态向量之间的传递关系为

$$
\begin{pmatrix} y \\ \theta \\ M \\ Q \end{pmatrix}_i^R =
\begin{bmatrix}
1 & 0 & 0 & 0 \\
0 & 1 & 0 & 0 \\
0 & -\left(J_d - J_p \dfrac{\Omega}{\omega}\right)\omega^2 & 1 & 0 \\
m\omega^2 - k_j & 0 & 0 & 1
\end{bmatrix}
\begin{pmatrix} y \\ \theta \\ M \\ Q \end{pmatrix}_i^L +
\begin{pmatrix} 0 \\ 0 \\ 0 \\ U \end{pmatrix}_i \omega^2 \quad (2.46)
$$

若在它的右边加一个轴段,则它两边状态矢量之间的关系为

$$
\begin{pmatrix} y \\ \theta \\ M \\ Q \end{pmatrix}_{i+1}^R =
\begin{bmatrix}
1 + \dfrac{l^3}{6EI}(1-\gamma)(m\omega^2 - k_j) & l - \dfrac{\omega^2 l^2}{2EI}\left(J_d - J_p \dfrac{\Omega}{\omega}\right) & \dfrac{l^2}{2EI} & \dfrac{l^3}{6EI}(1-\gamma) \\[2ex]
\dfrac{l^2}{2EI}(m\omega^2 - k_j) & 1 - \dfrac{\omega^2 l}{EI}\left(J_d - J_p \dfrac{\Omega}{\omega}\right) & \dfrac{l}{EI} & \dfrac{l^2}{2EI} \\[2ex]
l(m\omega^2 - k_j) & -\left(J_d - J_p \dfrac{\Omega}{\omega}\right)\omega^2 & 1 & l \\[2ex]
m\omega^2 - k_j & 0 & 0 & 1
\end{bmatrix} \times
$$

$$
\begin{pmatrix} y \\ \theta \\ M \\ Q \end{pmatrix}_i^L + \begin{pmatrix} \dfrac{l^3}{6EI}(1-\gamma)U \\ \dfrac{l^2}{2EI}U \\ lU \\ U \end{pmatrix}_i \omega^2 \tag{2.47}
$$

按照转子的模型，与计算临界转速时相仿，从转子最左端截面开始状态矢量的递推。截面 $i(i = 2, 3, \cdots, N, N+1)$ 的状态矢量为

$$
\begin{pmatrix} y \\ \theta \\ M \\ Q \end{pmatrix} = \begin{bmatrix} a_{11} & a_{12} & a_{13} & a_{14} \\ a_{21} & a_{22} & a_{23} & a_{24} \\ a_{31} & a_{32} & a_{33} & a_{34} \\ a_{41} & a_{42} & a_{43} & a_{44} \end{bmatrix}_1 \begin{pmatrix} y \\ \theta \\ 0 \\ 0 \end{pmatrix}_1 + \begin{pmatrix} b_1 \\ b_2 \\ b_3 \\ b_4 \end{pmatrix}_{i-1} = \begin{bmatrix} a_{11} & a_{12} \\ a_{21} & a_{22} \\ a_{31} & a_{32} \\ a_{41} & a_{42} \end{bmatrix}_{i-1} \begin{pmatrix} y \\ \theta \end{pmatrix}_1 + \begin{pmatrix} b_1 \\ b_2 \\ b_3 \\ b_4 \end{pmatrix}_{i-1} \tag{2.48}
$$

式中，矩阵的各元素 a，b 由各构件的传递矩阵相乘得到。对于最右端的 $N+1$ 截面，同时考虑到它的边界条件，则有

$$
\begin{pmatrix} M \\ Q \end{pmatrix}_{N+1} = \begin{bmatrix} a_{31} & a_{32} \\ a_{41} & a_{42} \end{bmatrix}_N \begin{pmatrix} y \\ \theta \end{pmatrix}_1 + \begin{pmatrix} b_3 \\ b_4 \end{pmatrix}_N = \begin{pmatrix} 0 \\ 0 \end{pmatrix} \tag{2.49}
$$

即

$$
\begin{bmatrix} a_{31} & a_{32} \\ a_{41} & a_{42} \end{bmatrix}_N \begin{pmatrix} y \\ \theta \end{pmatrix}_1 = -\begin{pmatrix} b_3 \\ b_4 \end{pmatrix}_N \tag{2.50}
$$

从式(2.50)可以解出左端起始截面 1 的位移 y_1 和挠角 θ_1。然后，代入式(2.48)即可得到各个截面的状态矢量，即所求的不平衡响应。

为了应用传递矩阵法求解烟气轮机叶盘转子系统的不平衡响应，并讨论偏心因素对频响曲线的影响，现将烟气轮机叶盘转子系统进行如下分割，如图 2.21 所示。

根据集中等效原则，利用传递矩阵法建立烟气轮机转子的集中质量模型，如图 2.22 所示。

现假设转子系统轴系上存在着偏心质量为 0.2 kg，偏心距为 0.5 mm，工作转速为 5800 r/min，下面针对以下几种情况讨论偏心质量对不平衡响应的影响。

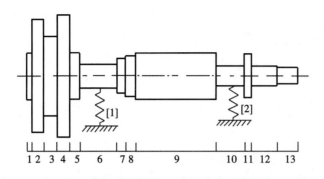

图 2.21   烟气轮机转子的分割图

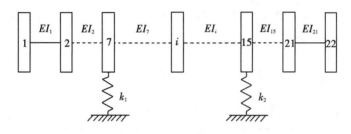

图 2.22   烟气轮机转子的集中质量模型

2.3.2.1   偏心位置对不平衡响应的影响

① 针对转子偏心质量分别位于节点 2，4，11，18 几种情况，讨论在工作转速为 5800 r/min 下各节点响应的结果，如图 2.23 所示。

从图 2.23(a)~图 2.23(d)中可以看出，偏心质量位于节点 2 和节点 4 时挠度 y 相对较大，说明一级叶盘和二级叶盘对不平衡质量比较敏感。

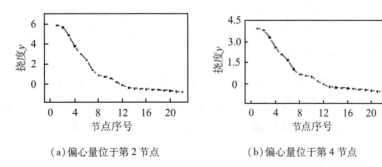

（a）偏心量位于第 2 节点   （b）偏心量位于第 4 节点

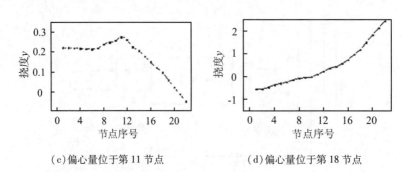

（c）偏心量位于第 11 节点　　　　　　（d）偏心量位于第 18 节点

图 2. 23　不平衡量在不同节点上时轴系的不平衡响应（工作转速下）

② 针对质量偏心位于节点 4 情况，分别讨论节点 2，4，11，18 在不同工作频率下的响应结果，如图 2.24 所示。

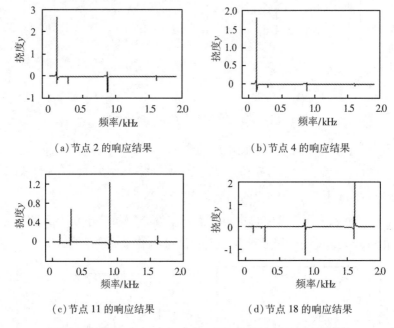

（a）节点 2 的响应结果　　　　　　　　（b）节点 4 的响应结果

（c）节点 11 的响应结果　　　　　　　（d）节点 18 的响应结果

图 2. 24　节点 2，4，11，18 在不同工作频率下的不平衡响应

从图 2.24(a)~图 2.24(d)中可以看出，节点 2 和节点 4 在第 1 阶频率附近会发生剧烈振动，随着频率不断升高，共振幅值不会出现更大幅度的波动，说明输入端在低阶频率时更易产生振动；节点 11 在频率值为 1000 Hz 附近幅值最大，在低阶和高阶频率阶段振幅相对较小，说明两支承之间的转子轴段易在中频段发生振动；节点 18 在低频段幅值较小，随着频率的不断升高，振幅逐渐增大，说明输出端对高频段比较敏感。

③ 针对偏心质量分别位于节点 2，4，11，18 几种情况，讨论在不同工作频

率下各节点响应的结果，如图 2.25 所示。

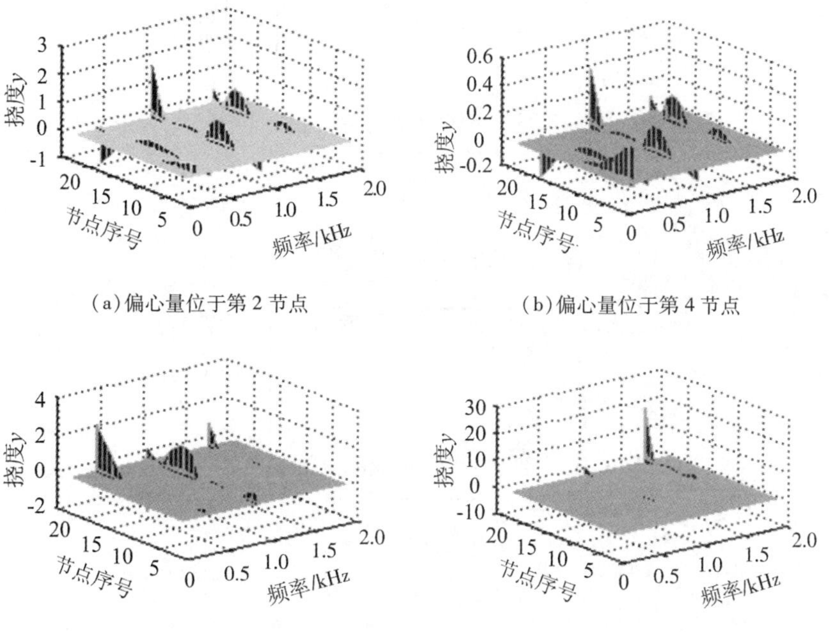

（a）偏心量位于第 2 节点　　　　　　（b）偏心量位于第 4 节点

（c）偏心量位于第 11 节点　　　　　　（d）偏心量位于第 18 节点

图 2.25　不平衡量在不同节点上时轴系的不平衡响应（不同转速下）

从图 2.25（a）~图 2.25（d）中可以看出，偏心质量位于节点 4 时，由于靠近支承轴承，转子系统响应的峰值比较小；而偏心质量位于节点 18 时，系统输出端会在较高频率时发生大幅度振动。

2.3.2.2　偏心质量大小对不平衡响应的影响

① 假设质量偏心分别位于节点 2，4，11，18 几种情况，讨论在工作转速为 5800 r/min 时，偏心质量分别设为 0.05，0.2，0.5，1 kg 时，各节点的响应结果，如图 2.26 所示。

从图 2.26（a）~图 2.26（d）中可以看出，随着偏心质量的增加，转子各节点会绕着某一固定节点发生旋转，使得各节点的挠度 y 逐渐增大，而且偏心位置不同时，所绕旋转的节点不同；另外，还可以发现当偏心量位于第 4 节点时转子的挠度比较大，说明第 4 节点位置对偏心质量影响的敏感度较高。

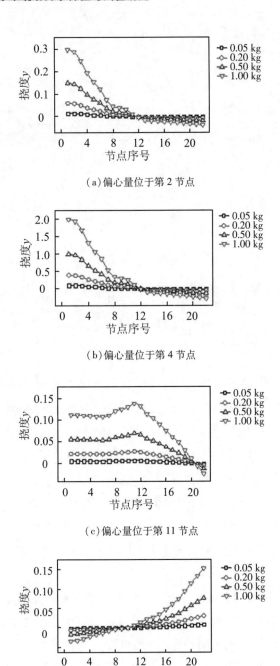

（a）偏心量位于第 2 节点

（b）偏心量位于第 4 节点

（c）偏心量位于第 11 节点

（d）偏心量位于第 18 节点

图 2. 26　工作转速下偏心质量大小对不平衡响应的影响

② 假设质量偏心位于结点 4 上，讨论在不同工作频率下，偏心质量分别为 0.05, 0.2, 0.5, 1 kg 时各节点的响应结果，如图 2.27 所示。

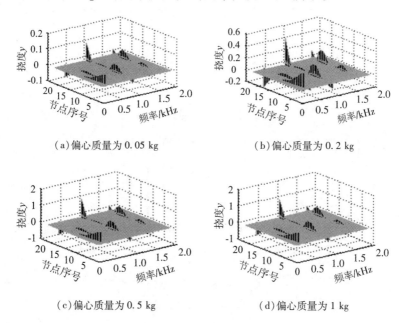

（a）偏心质量为 0.05 kg　　　　　（b）偏心质量为 0.2 kg

（c）偏心质量为 0.5 kg　　　　　（d）偏心质量为 1 kg

图 2.27　不同转速下偏心质量大小对不平衡响应的影响

从图 2.27(a)～图 2.27(d) 中可以看出，随着节点 4 上偏心质量的增加，叶盘转子的共振峰值会不断增大，说明了不平衡质量越大，系统的不平衡响应会越严重。

2.3.2.3　与传递矩阵法结果的比较

分别应用传递矩阵法和 ANSYS 子结构法求解烟气轮机叶盘转子系统的不平衡响应，并对两种方法的结果进行分析比较。假设叶盘转子系统上存在着偏心质量为 0.2 kg，偏心距为 0.5 mm，工作转速为 5800 r/min。讨论偏心质量位于传递矩阵模型和 ANSYS 子结构模型不同对应位置时的结果，如图 2.28 所示。

通过图 2.28 可以发现，传递矩阵法和 ANSYS 子结构法所求得的不平衡响应各波峰基本吻合，验证了计算方法的正确性。

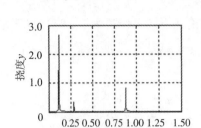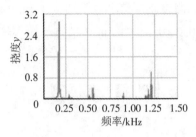

（a）偏心量位于第 2 节点

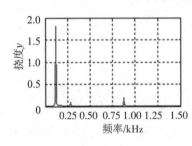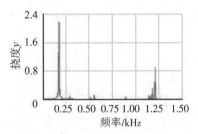

（b）偏心量位于第 4 节点

图 2.28　与传递矩阵法结果的比较

2.4　叶盘系统不平衡响应在动平衡中的应用

对于做旋转运动的零部件，如各种传动轴、风机、主轴、刀具、水泵叶轮、汽轮机和电动机的转子等统称为回转体。在理想情况下，回转体旋转与不旋转时对轴承产生的压力是一样的，这样的回转体是平衡的回转体。但工程中的各种回转体，由于毛坯缺陷或材质不均匀、装配及加工中产生的误差，甚至在设计时就具有非对称的几何形状等多种因素，使得回转体在旋转时，其上每个微小质点产生的离心惯性力不能相互抵消。离心惯性力通过轴承作用到机械及其基础上，引起振动、产生噪音，加速了轴承磨损、缩短了机械寿命，严重时会造成破坏性事故。为此，需对转子进行平衡，使其达到允许的平衡精度等级，或使因此产生的机械振动幅度降在允许的范围内。

针对烟气轮机叶盘转子系统模型存在多处不平衡量的情况进行响应分析，为实际动平衡工作中确定加重方式、判断不平衡位置及选择加重面提供一定的理论依据。

仍然假设偏心质量为 0.2 kg，偏心距为 0.5 mm，工作转速为 5800 r/min，现针对以下四种情况进行分析：

① 仅叶盘 1 承受偏心力；

② 仅叶盘 2 承受偏心力；

③ 叶盘 1 和叶盘 2 承受同向的偏心力；

④ 叶盘 1 和叶盘 2 承受反向的偏心力。

经过分析，得到了四种情况下叶盘 1 和叶盘 2 的不平衡响应曲线，其对比结果如图 2.29 和图 2.30 所示。

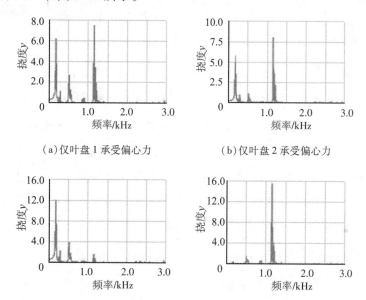

（a）仅叶盘 1 承受偏心力　　（b）仅叶盘 2 承受偏心力

（c）叶盘 1 和叶盘 2 承受同向的偏心力　（d）叶盘 1 和叶盘 2 承受反向的偏心力

图 2.29　在各情况下叶盘 1 的不平衡响应

通过图 2.29 和图 2.30 可以得出以下结论。

① 叶盘转子系统存在两个同向不平衡量时，较低阶频率的响应幅值明显增大，高阶频率的响应幅值有所降低；当存在两个反向不平衡量时，较低阶频率的响应幅值会明显得到控制，而高阶频率的响应幅值却有所升高。

② 叶盘 1 与叶盘 2 相比，叶盘 2 在不平衡激励力作用下的振动幅值较小。叶盘 2 离支承比较近，而叶盘 1 相对较远，因此靠近支承位置的叶盘稳定性更好。

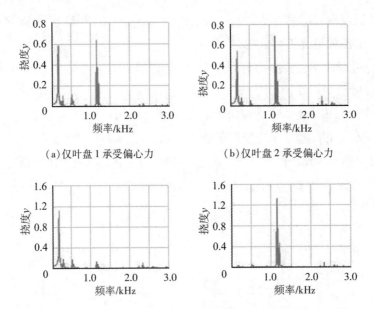

(a)仅叶盘1承受偏心力　　　(b)仅叶盘2承受偏心力

(c)叶盘1和叶盘2承受同向的偏心力　(d)叶盘1和叶盘2承受反向的偏心力

图2.30　在各情况下叶盘2的不平衡响应

本书研究的烟气轮机叶盘转子系统的工作转速为5800 r/min，工作频率约为96.67 Hz，处在低阶频率段。故为了减小不平衡量对系统稳定性的影响，在对应位置施加同等大小的反向不平衡量，就可以起到降低振动幅值的效果，从而达到了动平衡的目的。

2.5　本章小结

本章分别应用传递矩阵法和 ANSYS 子结构法求解了某型烟气轮机叶盘转子系统的不平衡响应，并对两种方法所求结果进行了对比分析，结果吻合较好。基于上述模型，讨论了偏心质量大小和偏心位置对叶盘转子系统振动特性的影响。同时，探讨了某型烟气轮机叶盘转子系统不平衡响应在动平衡中的应用。

传递矩阵模型的固有频率相比于有限元法计算结果误差较小，各低阶频率相对误差均在5%以内，且各阶振型吻合良好。这说明了所建立的叶盘转子模型是可靠的。某型烟气轮机叶盘转子邻近支承的输入端更易在低频段发生不平衡振动，而输出端对高频段较为敏感。偏心质量的增加使得某型烟气轮机叶盘转子位移绕着某一固定节点旋转，加剧了该叶盘转子系统的不平衡振动。施加反向不平衡量可减小低频振动幅值，有效抑制低频引起的振动，而施加同向不平衡量可抑制高频引起的振动。本书研究的烟气轮机叶盘转子系统的工作转速为 5800 r/min，工作频率约为 96.67 Hz，处在低阶频率段。故为了减小不平衡量对系统稳定性的影响，在对应位置施加同等大小的反向不平衡量，就可以起到降低振动幅值的效果，从而达到了动平衡的目的。

第3章 轮盘质量和位置变化对转子临界转速影响研究

当今火力发电厂向大容量、高参数趋势发展,对机组的稳定运行和集中控制水平要求非常高。汽轮发电机组是火力发电厂核心设备,其运行可靠性将直接影响全厂的安全性和经济性。由于汽轮发电机组的转子为挠性转子,汽轮机在启动或停机过程中,要越过转子的临界转速。在机组启、停机时,要掌握转子的临界转速,应在极短时间内通过临界转速,避免转子部分和静止部分造成过大的摩擦损坏。如果能很好地掌握汽轮机转子系统临界转速及其影响因素,判断转子系统的临界转速大小,有针对性地避免临界转速对机组造成的碰摩损伤。

现阶段火电行业都在进行减排增效,国内已有400多台汽轮机进行了通流改造,为了提高汽轮机的缸效,通常给汽轮机高中压转子进行增加级数处理,增加级数后转子的质心位置及转子轮盘质量都发生改变,造成转子系统的不平衡,从而导致转子的临界转速发生改变。

本章以汽轮机转子系统为研究对象,建立了叶盘系统模型,对两端刚性支承单圆盘偏置转子进行了理论计算分析,利用试验测量了不同轮盘质量和位置的转子临界转速,并与理论计算结果进行比较分析,引入灵敏度分析方法分析轮盘质量和位置变化对汽轮机转子临界转速的影响。

3.1 单圆盘转子理论计算分析

3.1.1 刚性支承单圆盘对称转子的稳态涡动

设有一等截面圆轴,两端用两个相同的轴承支承,两轴承之间距离,即跨

距为 l，在跨中央装一个刚性薄圆盘。所谓薄圆盘一般指圆盘厚度 δ 与两简支支承间跨度 l 之比 $\delta/l < 0.1$，这样的刚性支承单圆盘对称转子称为 Jeffcott 转子。其基本假设为：第一，刚性薄圆盘厚度不计，安装在轴的中央；第二，轴为等直圆轴，其质量和半径不计，具有一定的弯曲刚度和无限大的扭转刚度；第三，忽略轴承动力特性的影响，且质量不计，把轴承简化为成铰支，并认为轴承座是刚性的；第四，垂直安装或水平安装，但忽略重力的影响。

为了分析 Jeffcott 转子涡动的基本特征，建立其动力学模型，如图 3.1 所示。取 $Oxyz$ 为固定坐标系，圆盘所在平面与弹性轴两端支承点连线的交点 O 为固定坐标系原点，z 轴沿转子轴线，圆盘所在平面为 Oxy 坐标参考平面，如图 3.2 所示。图中 O' 为圆盘形心，C 为圆盘质心，形心 O' 到坐标原点 O 的距离 $\overline{O'O}$，即转轴弯曲在圆盘形心处产生的挠度为 r，圆盘形心 O' 到其质心 C 的距离 $\overline{O'C}$，即偏心距为 e。圆盘的质量为 m，圆盘绕 O' 自转的角速度为 Ω，轴因圆盘偏心而产生弯曲进动的角速度为 ω，因为圆盘安装在跨中，并且轴弯曲变形所引起的各横截面的轴向位移是高阶小量，可以忽略，所以薄圆盘始终在原先的自身平面内运动。假设弹性轴的扭转刚度无限大，根据理论力学可知，圆盘刚体做平面运动。取圆盘形心 O' 为基点，圆盘的运动可以看作圆盘随基点 O' 的运动（进动）与绕基点的转动（自转）的合成。选取 $x(t)$，$y(t)$ 为圆盘盘心 O' 广义坐标，$\varphi(t)$ 为圆盘绕转轴的旋转角位移。对于稳态涡动，假定外力矩的作用使自转角速度 $\dot{\varphi}(t) = \Omega$ 保持为常数，于是 Jeffcott 转子的稳态涡动问题就变成确定圆盘形心 O' 点的运动，即 $x(t)$ 和 $y(t)$。只要确定了盘心 O' 点的运动，圆盘的平面运动也就确定了。

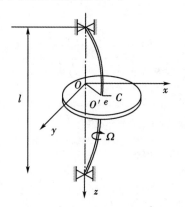
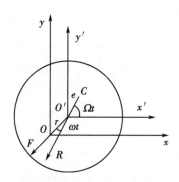

图 3.1　Jeffcott 转子示意图　　图 3.2　圆盘的瞬时位置及受力

3.1.1.1　单圆盘对称转子涡动微分方程

为了建立转子涡动的运动微分方程，首先分析转子圆盘的受力情况。设转子处于稳态涡动状态，此时，圆盘受到的力有轴弯曲引起的弹性恢复力和阻尼力。

（1）轴弯曲引起的弹性恢复力

设圆盘在 t 瞬时的运动状态如图 3.2 所示，这时弹性轴因有动挠度 r 而作用在圆盘上的弹性恢复力为 F，它在固定坐标轴上的投影为

$$\begin{cases} F_x = -kx \\ F_y = -ky \end{cases} \tag{3.1}$$

式中，k 为弹性轴在跨中的刚度系数。因为是等截面圆轴，在 Ox 和 Oy 两方向的弯曲刚度相同。由材料力学可知，两端简支梁在跨中的刚度为 $k = \dfrac{48EI}{l^3}$。

（2）圆盘在运动中受到阻尼力

设圆盘受到黏性外阻尼力为 R，它的两个投影分别为

$$\begin{cases} R_x = -C\dot{x} \\ R_y = -C\dot{y} \end{cases} \tag{3.2}$$

式中，C 为黏性阻尼系数，一般由试验测定。

根据质心运动定理，$mr_C = \sum F$ 得

$$\begin{cases} m\ddot{x}_C = \sum F_{ix} = F_x + R_x \\ m\ddot{y}_C = \sum F_{iy} = F_y + R_y \end{cases} \tag{3.3}$$

由形心与质心的关系

$$\begin{cases} x_C = x + e\cos\Omega t \\ y_C = y + e\sin\Omega t \end{cases} \tag{3.4}$$

对时间 t 求二次导数，因 $\Omega = C$（常数），有

$$\begin{cases} \ddot{x}_C = \ddot{x} - e\Omega^2\cos\Omega t \\ \ddot{y}_C = \ddot{y} - e\Omega^2\sin\Omega t \end{cases} \tag{3.5}$$

把式（3.5）代入式（3.3）得

$$\begin{cases} m(\ddot{x} - e\Omega^2\cos\Omega t) = F_x + R_x = -kx - C\dot{x} \\ m(\ddot{y} - e\Omega^2\sin\Omega t) = F_y + R_y = -ky - C\dot{y} \end{cases} \tag{3.6}$$

整理得质心 O' 的运动微分方程为

$$\begin{cases} m\ddot{x} + c\dot{x} + kx = me\Omega^2\cos\Omega t \\ m\ddot{y} + c\dot{y} + ky = me\Omega^2\sin\Omega t \end{cases} \tag{3.7}$$

化简为标准形式

$$\begin{cases} \ddot{x} + 2n\dot{x} + p^2 x = e\Omega^2\cos\Omega t \\ \ddot{y} + 2n\dot{y} + p^2 y = e\Omega^2\sin\Omega t \end{cases} \tag{3.8}$$

式中，$p = \sqrt{\dfrac{k}{m}} = \sqrt{\dfrac{48EI}{ml^3}}$ 即是在质量不计的弹性轴跨中固结有集中质量圆盘，做无阻尼圆涡动时的固有频率；$2n = \dfrac{C}{m}$ 为相对阻尼系数。对照式(3.8)和不计质量的弹性梁跨中固结有集中质量做横向振动时的运动微分方程，可见 Jeffcott 转子的涡动其实可视为在 xz 平面和 yz 平面内的弯曲振动的合成。

3.1.1.2　水平 Jeffcott 转子的运动微分方程

设水平安装的无阻尼偏心 Jeffcott 转子如图 3.3 所示。图中，O_1 为固定坐标系原点，圆盘几何形心 O' 为动坐标系原点，C 为圆盘质心。由于薄圆盘在跨中，圆盘在自身平面涡动，不产生回转效应。假定在 t 时刻圆盘的状态如图 3.4 所示，设圆盘的偏心距为 e，轴的弯曲刚度为 k，则轴的弹性恢复力在 Ox、Oy 轴上的投影分别为

$$\begin{cases} F_x = k(x_C - e\cos\varphi) \\ F_y = k(y_C - e\sin\varphi) \end{cases} \tag{3.9}$$

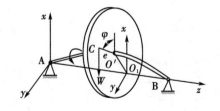
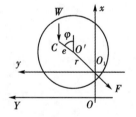

图 3.3　重力作用下的 Jeffcott 转子　　　图 3.4　圆盘的瞬时位置与所受的力

根据质心运动定理，得出圆盘质心 C 的运动微分方程

$$\begin{cases} m\ddot{x}_C + kx_C = ke\cos\varphi - mg \\ m\ddot{y}_C + ky_C = ke\sin\varphi \end{cases} \tag{3.10}$$

再根据动量矩定理来建立圆盘的转动微分方程。质点系对固定点的动量矩与对质心的动量矩有如下关系

$$\boldsymbol{H}_O = \boldsymbol{H}_C + \boldsymbol{r}_C \times m \boldsymbol{v}_C \tag{3.11}$$

其中

$$\boldsymbol{r}_C \times m\boldsymbol{v}_C = \begin{vmatrix} \boldsymbol{i} & \boldsymbol{j} & \boldsymbol{k} \\ x_C & y_C & z_C \\ mv_x & mv_y & mv_z \end{vmatrix} \tag{3.12}$$

将这一关系向 z 轴投影，得刚体对定轴 Oz 的动量矩等于圆盘以 $\dot{\varphi}$ 绕质心轴线的动量矩加上假想圆盘质量集中于质心 C 对定轴 Oz 的动量矩

$$H_z = H_{Cz} + H_z(mv_C) \tag{3.13}$$

式中，$H_{Cz} = J_p \dot{\varphi} = m\rho^2 \dot{\varphi}$；$\rho$ 为惯性半径；$H_z(mv_C) = [\boldsymbol{r}_C \times m\boldsymbol{v}_C]_z = m(x_C \dot{y}_C - y_C \dot{x}_C)$。又由动量矩定理：$\dfrac{\mathrm{d}H_z}{\mathrm{d}t} = \sum M_z$，有

$$\frac{\mathrm{d}}{\mathrm{d}t}[J_p \dot{\varphi} + m(x_C \dot{y}_C - y_C \dot{x}_C)] = M_z + mgy_C \tag{3.14}$$

M_z 为外力矩，化简得

$$J_p \ddot{\varphi} + m(x_C \ddot{y}_C - y_C \ddot{x}_C) = M_z + mgy_C \tag{3.15}$$

将式(3.10)代入后消去质心加速度项，得

$$J_p \ddot{\varphi} + ke(x_C \sin\varphi - y_C \cos\varphi) = M_z \tag{3.16}$$

为了简化圆盘形心的涡动方程，做坐标平移变换，把原点从 O_1 移到 O，并令

$$x_d = x_C + \frac{mg}{k} \tag{3.17}$$

得到新坐标系中圆盘形心的运动微分方程，即式(3.10)前两个方程化为

$$\begin{cases} m\ddot{x}_d + kx_d = ke\cos\varphi \\ m\ddot{y}_C + kx_C = ke\sin\varphi \end{cases} \tag{3.18}$$

这是考虑圆盘重力影响的无阻尼的变转速偏心 Jeffcott 转子形心涡动微分方程。

现在假设外力矩 $M_z = 0$，圆盘在做 $\dot{\varphi} = \dfrac{1}{2}\omega_{cr}$ 的等角速度自转，即 $\ddot{\varphi} = 0$，并令 $\varphi_0 = 0$，得到：$\varphi = \dfrac{1}{2}\omega_{cr}t$。把上述假设代入式(3.16)得到

$$m(x_d\ddot{y}_C - y_C\ddot{x}_d) = mge\sin\frac{\omega_{cr}}{2}t \tag{3.19}$$

可以求出同时满足式(3.18)和式(3.19)的解为

$$x_d = -\frac{mg}{k}\cos\omega_{cr}t + \frac{e\omega_{cr}^2}{\omega_{cr}^2 - \left(\dfrac{\omega_{cr}^2}{2}\right)^2}\cos\frac{\omega_{cr}}{2}t$$

$$= -\delta_s\cos\omega_{cr}t + \frac{4e}{3}\sin\omega_{cr}t \tag{3.20}$$

$$y_C = -\delta_s\sin\omega_{cr}t + \frac{4e}{3}\cos\omega_{cr}t$$

式中，$\delta_s = \dfrac{mg}{k}$ 为圆盘重力作用下弹性轴在跨中产生的静挠度。利用图 3.4 所示的几何关系，圆盘形心的运动方程为

$$\begin{cases} x = x_d - \delta_s - e\cos\dfrac{\omega_{cr}}{2}t = -\delta_s(1 + \cos\omega_{cr}t) + \dfrac{4}{3}e\cos\dfrac{\omega_{cr}}{2}t \\[3mm] y = y_C - e\sin\dfrac{\omega_{cr}}{2}t = -\delta_s\sin\omega_{cr}t + \dfrac{4}{3}e\sin\dfrac{\omega_{cr}}{2}t \end{cases} \tag{3.21}$$

通常，与临界转速现象相比，重力引起的转子的副临界现象不是一个严重的问题，只有在圆盘质量大而弹性轴的弯曲刚度小，即 δ_s 大的情况下，才能明显观测到副临界的动挠度峰值，副临界才不能忽略。由于质量偏心引起的动挠度要比静挠度大得多，因此，在讨论水平转子的涡动时，就常常忽略重力的影响。

3.1.2　刚性支承单圆盘偏置转子的回转效应和稳态涡动

在实际转子中，由于设计上的要求，薄圆盘往往并不一定对称安装在轴跨的中央。这种情况下的转子称为偏置转子，如图 3.5 所示。当转子旋转时，弹性轴受到圆盘质量偏心的离心惯性力的作用，产生弯曲动挠度，圆盘的运动不仅有自转和横向运动，而且还要产生偏离原先平面的摆动。正是由于圆盘的这种偏摆，使得它的各部分质量在运动中产生的惯性力 **F** 不再保持在同一平面内，而会在圆盘自转中构成一个离心惯性力矩，其效果相当于改变了转轴的弯曲刚度。因此，使得转子的临界转速在数值上与不计及这种偏摆影响时不同。通常把由于高速旋转圆盘的偏摆运动而使临界转速变化的现象称为回转效应。

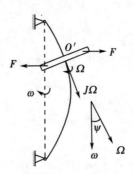

图 3.5　偏置圆盘在自转中的偏心惯性力

偏置转子的基本假设有：第一，刚性薄圆盘厚度不计，偏置安装在轴上，不在跨中；第二，轴的质量和半径不计，具有一定的弯曲刚度和无限大的扭转刚度；第三，轴承支承简化为铰支，且质量不计，基座是刚性；第四，忽略重力的影响；第五，不计阻尼；第六，不计偏心；第七，稳态涡动。

刚性薄圆盘不在跨中，而圆盘面又要保持与其所在位置处轴的挠曲线的切线相垂直，这必然使圆盘在发生横向位移的同时还发生偏摆，使圆盘的轴线，即法线在空间画出的轨迹是个锥面，薄圆盘的运动不再是平面运动，而是空间运动。可以把刚体的空间运动分解成随基点的平移与绕基点的定点转动。为了描述这种运动，建立相应的坐标系，如图 3.6 所示。$Oxyz$ 为固定坐标系；$O'x'y'z'$ 为盘心 O' 的平动坐标系，它的各个坐标轴分别与固定坐标系的对应轴保持平行；$O'\xi\eta\zeta$ 为固结于圆盘上的动坐标系。根据假设，O' 就是圆盘的质心，$O'\zeta$ 是弹性轴动挠度曲线的切线，$O'\xi$、$O'\eta$ 是与圆盘上的两条正交的直径重合的动坐标。

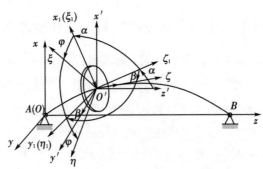

图 3.6　单圆盘偏置转子运动的坐标系

偏置刚性圆盘涡动时作空间运动。根据理论力学的运动合成原理，刚体的空间运动等于其随基点 O' 的平动与绕基点的定点运动的合成。这里略去轴弯

曲引起的 Oz 长度变化。基点 O' 的运动减为两个自由度，用 $x(t)$ 和 $y(t)$ 表示，绕基点 O' 的定点运动用第二类欧拉角表示，即绕 $O'y'$ 轴的 $\alpha(t)$，绕负 $O'\xi_1$ 轴的 $\beta(t)$ 和绕 $O'\zeta$ 轴自转角 $\varphi(t)$，从而偏置刚性圆盘涡动时共计有 5 个自由度。图中 $\alpha = \angle x'O'\xi_1 = \angle z'O'\zeta_1$，$\beta = \angle y'O'\eta_1 = \angle \zeta O'\zeta_1$。在圆盘按第二类欧拉角三次旋转过程中，平动坐标系与旋转坐标系的关系如图 3.7 所示。其中第三次旋转，是在圆盘平面内旋转。

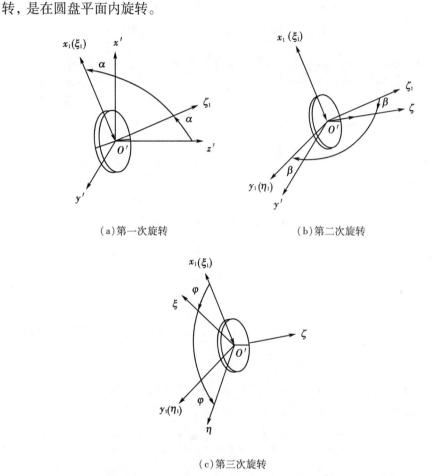

（a）第一次旋转　　　　　　　（b）第二次旋转

（c）第三次旋转

图 3.7　圆盘平动坐标系与旋转坐标系按第二类欧拉角三次旋转的关系

　　根据质量运动定理确定偏置转子形心的运动。确定偏置转子形心的运动，就需要确定转轴弯曲引起的弹性恢复力和力矩。设 $\alpha(t)$，$\beta(t)$ 为小量，忽略高阶小量。用动挠度曲线的切线在平动坐标系中 $O'x'z'$，$O'y'z'$ 平面上的投影与 z' 轴的夹角，即在固定坐标系 Oxz，Oyz 平面上的投影与 z 轴的夹角表示

$$\begin{cases} \alpha(t) \approx \tan\alpha = \dfrac{\partial y'}{\partial \xi_1} \approx \dfrac{\partial x'}{\partial z'} \\[3mm] \beta(t) \approx \tan\beta = \dfrac{\partial y'}{\partial \zeta_1} \approx \dfrac{\partial y'}{\partial z'} \end{cases} \tag{3.22}$$

为了得到弹性轴对圆盘的反作用力，先确定在过 O' 截面的刚度。在前面的分析中已经指出，圆盘对轴作用有力和力矩，所以，需要分析两端简支梁在某截面上受到力和力矩联合作用时的平面挠曲，如图 3.8 所示。

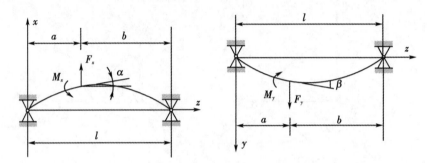

图 3.8   简支梁的挠度和转角图

根据材料力学，可计算 O' 点处的挠度 x 和转角 α 。由挠曲线微分方程

$$\pm \frac{\mathrm{d}^2 x}{\mathrm{d}z^2} = \frac{M_x(z)}{EI} \tag{3.23}$$

图中 $M_x(z)$ 的 x 表示在 xOz 面内的弯矩。在图示坐标中，$\dfrac{\mathrm{d}^2 x}{\mathrm{d}z^2} < 0$，又由材料力学有 $M_x < 0$，所以，曲率与弯矩同号。

由材料力学求 O' 处的挠度，设由 M_x 和 F_x 产生的位移分别为 x_M 和 x_F ，则在 $z = a$ 处有

$$x_M = -\frac{M_x z(l^3 - 3b^2 - z^2)}{6lEI} = -\frac{M_x a(l^3 - 3b^2 - a^2)}{6lEI}$$

$$= -\frac{M_x a\left[(l+a)(l-a) - 3b^2\right]}{6lEI} = -\frac{M_x ab(a-b)}{3lEI} \tag{3.24}$$

$$x_F = \frac{F_x bz(l^3 - z^2 - b^2)}{6lEI} = \frac{F_x a^2 b^2}{3lEI} \tag{3.25}$$

此处挠度为

$$x = \frac{F_x a^2 b^2}{3lEI} - \frac{M_x ab(a-b)}{3lEI} \tag{3.26}$$

同理，圆盘在该处的转角为

$$\alpha = \frac{F_x ab(a-b)}{3lEI} + \frac{M_x(a^2 - ab + b^2)}{3lEI} \tag{3.27}$$

从式(3.25)和式(3.26)解出 F_x，M_x

$$\begin{cases} F_x = 3lEI\left(\dfrac{a^2 - ab + b^2}{a^3 b^3}x + \dfrac{a-b}{a^2 b^2}\alpha\right) = k_{11}x + k_{12}\alpha \\ M_x = 3lEI\left(\dfrac{a-b}{a^2 b^2}x + \dfrac{1}{ab}\alpha\right) = k_{21}x + k_{22}\alpha \end{cases} \tag{3.28}$$

其中

$$k_{11} = \frac{F_x}{x} = 3lEI\left(\frac{a^2 - ab + b^2}{a^3 b^3}\right) \text{ ；}$$

$$k_{12} = \frac{F_x}{\alpha} = k_{21} = \frac{M_x}{x} = 3lEI\left(\frac{a-b}{a^2 b^2}\right) \text{ ；}$$

$$k_{22} = \frac{M_x}{\alpha} = \frac{3lEI}{ab} \text{ 。}$$

同理，在 yOz 平面上解出 F_y，M_y 得

$$\begin{cases} F_y = k_{11}y + k_{12}\beta \\ -M_y = k_{21}y + k_{22}\beta \end{cases} \tag{3.29}$$

式(3.28)与式(3.29)中的 F_x，M_x 与 F_y，M_y 是圆盘涡动时作用在转轴上的力与力矩。由作用与反作用定律，转轴作用在圆盘上的力与力矩与上两式等值反向。根据质心运动定理

$$\begin{cases} m\ddot{x} = -F_x \\ m\ddot{y} = -F_y \end{cases} \tag{3.30}$$

把 F_x，F_y，M_x，$-M_y$ 代入质心运动定理，经整理，得到圆盘形心 O' 的运动微分方程

$$\begin{cases} m\ddot{x} + k_{11}x + k_{12}\alpha = 0 \\ m\ddot{y} + k_{11}y + k_{12}\beta = 0 \end{cases} \tag{3.31}$$

方程中偏摆角 α，β 反映了偏摆对形心运动的影响。平动坐标系下偏置圆盘的涡动微分方程

$$\begin{cases} J_d\ddot{\alpha} + J_p\Omega\dot{\beta} + k_{21}x + k_{22}\alpha = 0 \\ J_d\ddot{\beta} - J_p\Omega\dot{\alpha} + k_{21}y + k_{22}\beta = 0 \end{cases} \tag{3.32}$$

转轴为圆截面，属于动力对称转子，互相垂直的两个截面上的弯曲刚度相同，因此，两个平动方程和两个偏摆方程分别相同，从而圆盘的运动微分方程可缩减为两个方程

$$\begin{cases} -m\omega^2 r + k_{11}r + k_{12}\theta = 0 \\ \left(J_p\dfrac{\Omega}{\omega} - J_d\right)\omega^2\theta + k_{21}r + k_{22}\theta = 0 \end{cases} \tag{3.33}$$

其中，$mr\Omega^2$ 为离心力；$\left(J_p\dfrac{\Omega}{\omega} - J_d\right)\omega^2\theta$ 为离心回转力矩。把偏置圆盘的特征方程写成矩阵形式

$$\begin{bmatrix} k_{11} - m\omega^2 & k_{12} \\ k_{21} & J_p\Omega\omega - J_d\omega^2 + k_{22} \end{bmatrix} \begin{Bmatrix} r \\ \theta \end{Bmatrix} = 0 \tag{3.34}$$

方程(3.34)有非零解，则特征方程的矩阵行列式应该为零，即

$$\begin{vmatrix} k_{11} - m\omega^2 & k_{12} \\ k_{21} & J_p\Omega\omega - J_d\omega^2 + k_{22} \end{vmatrix} = 0 \tag{3.35}$$

展开行列式后得

$$(k_{11} - m\omega^2)(J_p\omega\Omega - J_d\omega^2 + k_{22}) - k_{12}k_{21} = 0 \tag{3.36}$$

当 $\Omega = \omega$ 时，令 $\left(J_p\dfrac{\Omega}{\omega} - J_d\right)\omega^2\theta = 0$，即不计回转效应，把它代入式(3.35)中得频率方程为

$$\begin{vmatrix} k_{11} - m\omega^2 & k_{12} \\ k_{21} & k_{22} \end{vmatrix} = 0 \tag{3.37}$$

由此可解得

$$\omega_0^2 = \frac{1}{m}\left(\frac{k_{11}k_{22} - k_{12}k_{21}}{k_{22}}\right) = \frac{1}{m}\left(k_{11} - \frac{k_{12}k_{21}}{k_{22}}\right) \tag{3.38}$$

将各 k_{ij} 表达式代入式(3.38)可得

$$\omega_{cr} = \sqrt{\frac{3lEI}{a^2b^2m}} \tag{3.39}$$

对应转子临界转速为

$$n_{cr} = \frac{60\omega_{cr}}{2\pi} = 9.549\sqrt{\frac{3lEI}{a^2b^2m}} \tag{3.40}$$

3.2　转子系统临界转速测量试验研究

3.2.1　试验装置介绍

试验装置选用北京市教育科技发展有限公司设计研发的 WS-ZHT1 型多功能转子综合性能测试试验装置。该试验装置基于转子系统基础平台硬件，使用电涡流位移传感器来收集振动信号，电涡流位移传感器还可以通过盘上的键槽为振动信号提供参考相位。数据采集卡采用具有模拟输入和模拟输出功能的 NI(national instruments)板，采用数据采集系统的 Lab VIEW 分析软件，具有直观的界面，可以显示轨迹的波德图、李莎茹图和轴心轨迹图，并且可以对数据进行时域和频域分析。理论计算采用传统的 Prohl 方法，采用 VB 编程，界面简单直观，具有一定的可扩展性。数据采集和分析软件 Lab VIEW 系统的关键速度可以准确测量转子振动，并可显示其他相关信息，也可以在基础功能上进行一定程度新功能拓展；VB 编写的程序具有一定的通用性，不仅可以在本试验中使用，也可以采用在其他结构的转子情况进行试验测量。

WS-ZHT-1 多功能转台试验系统可以有效地再现大型旋转机械产生的许多振动现象。通过配置的检测仪表来观察和记录不同的选择改变转子转速、轴系刚度、质量不平衡、轴承的摩擦或冲击条件及联轴节的形式来模拟机器的运行状态，分析轴承摩擦或冲击条件对转子系统临界转速的影响情况。

转子临界转速测量试验装置主要由转子试验台及调速设备、测量系统、软件分析系统三部分组成，如图 3.9 所示。

转子试验台及调速设备包括：转子台基座、油壶(两个)、支撑轴承(两个)、主轴、轮盘、联轴器、电机、转速调速仪等设备；主轴安装在转子台上的两个支撑轴承(通过油壶给油润滑)上，通过调节转速调速仪旋钮控制电机输入电流的大小，电机通过联轴器控制转子转速的大小调节，电机额定电流为2.5 A，输出功率 250 W。调速器将 220 V 交流电源整流后供电机励磁电压，同时，经调压器调压并整流后供电机驱动电流，手动调整调压器输出电压可实现电机范围内的无级调速，升速率可达 800 r/min。转子系统由主轴、轮盘及联轴器组成，主轴长 500 mm，直径 10 mm，重 375 g，两支撑轴承间距 440 mm，主轴为

45 号钢材质；轮盘直径为 78 mm，厚度不等（厚度 15 mm，质量为 490 g；厚度 20 mm，质量为 660 g；厚度 30 mm，质量为 980 g）的三个的碳素合金钢；联轴器为挠性连接。

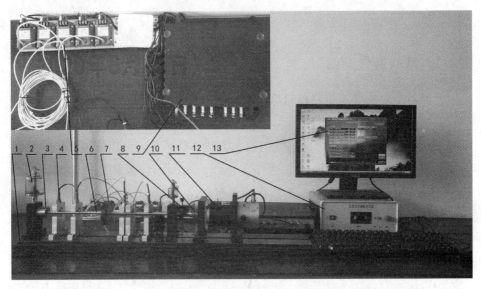

图 3.9　转子临界转速测量试验装置

1—基座；2—油壶；3—支撑轴承；4—电涡流位移传感器及支架；5—位移传感器前置放大器；6—主轴
7—轮盘；8—转速传感器；9—振动数据分析仪；10—联轴器；11—电机；12—转速调速仪；13—电脑及软件

　　测量系统主要包括：五个电涡流位移传感器、一个振动速度传感器、一个振动加速度传感器、一个转速传感器和八通道振动数据分析仪。电涡流位移传感器探头直径 8 mm，灵敏度 8 mV/mm，配合前置放大器使用，在转子轴向不同位置安装了五个同样的电涡流位移传感器，采用非接触方式安装于传感器支架上，安装间隙为 1 mm，其中第 1，2，3，5 电涡流位移传感器垂直安装，第 4 电涡流位移传感器水平安装，电涡流位移传感器前置放大器、振动分析仪设备，如图 3.9 左上角所示。MT-3 振动速度传感器是一种使用绝对振动测量技术的磁电传感器，10~1000 Hz 的绝对振动值将与信号成比例地转换为振动速度，具有坚固的结构，可以在大多数恶劣环境中安装使用。其高信号输出使其能够与振动计、测量仪器或放大器、示波器、高速记录器或报警系统直接配合使用。RL-1 型光电传感器为红外线光电传感器，采用其测量转速，是获得标准脉冲信号的较常见的一种方法，它具有精度高、反应快、非接触等优点。

　　软件分析系统主要通过系统软件进行试验数据及结果输出，Vib′ROT 转子试验台软件界面示意图如图 3.10 所示。

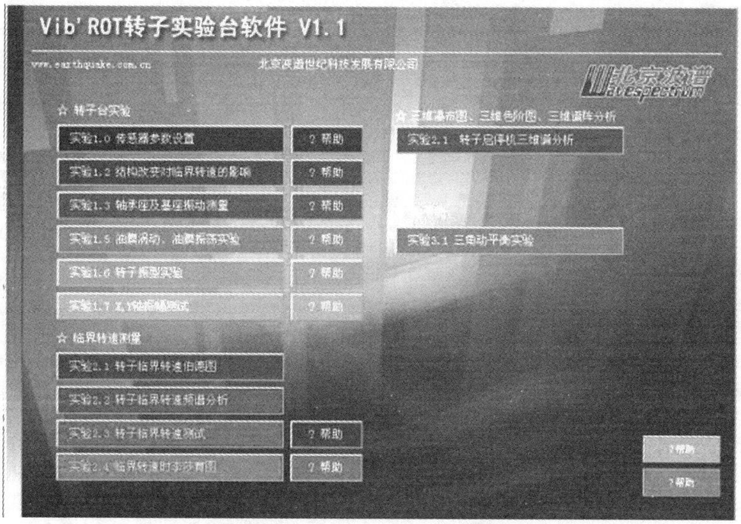

图 3.10 Vib' ROT 转子试验台软件界面示意图

该试验平台可进行 4 种方法转子临界转速试验测量、结构改变对临界转速的影响测试、轴承座及基座振动测量、油膜涡动和油膜振荡试验、转子振型试验、刚性转子现场动平衡测试、柔性转子现场动平衡测试、转子过临界转速时、机壳振动与轴的振幅及相位的变化测试、非接触测量轴的径向振动和轴向位移测量、转子三维实时瀑布图分析、转子三维实时色阶图分析等试验。

3.2.2 转子临界转速测量及结果分析

3.2.2.1 伯德图法

试验设备选取位移测量 3 通道(转子中间部位位移变化较明显),转速测量 8 通道(固定不变)。调节转速调速仪使转子升速到 1000 r/min 左右,当软件显示有稳定的位移正弦信号曲线和稳定的转速方波曲线,点击开始测量伯德图,并给转子均匀升速,直到发现位移信号曲线逐渐增加再减少后停止升速,关闭转速调速仪,结束试验。得出如图 3.11 所示的转子临界转速伯德图曲线。

图 3.11 中伯德图曲线中,横坐标为转速信号(r/min),纵坐标为位移信号(mm)和相位信号(度)。实线为位移随着转速的变化曲线,可以看出随着转速的升高,位移逐渐增大,当位移达到最大值后,又逐渐减小,那么最大位移点对应的转速为临界转速;虚线为相位随着转速的变化曲线,在临界转速前后,可以看出相位有明显的变化,从临界转速前的 144°增大到 288°,临界转速前后

相位变化了 144°，符合临界转速前后相位变化范围为 70~180°。

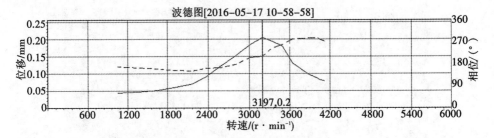

图 3.11　转子临界转速伯德图曲线

通过以上临界转速伯德图曲线，得出最大振幅为 0.202 mm，对应转子临界转速为 3197 r/min，临界转速前后的相位差 144°。

3.2.2.2　频谱分析法

开启频谱分析软件，点击开始采集后，给转子均匀从零开始升速，直到观察到软件上图形产生位移逐渐增大后又逐渐减小，然后均匀地减速到零，得出如图 3.12 所示的转子临界转速频谱图。

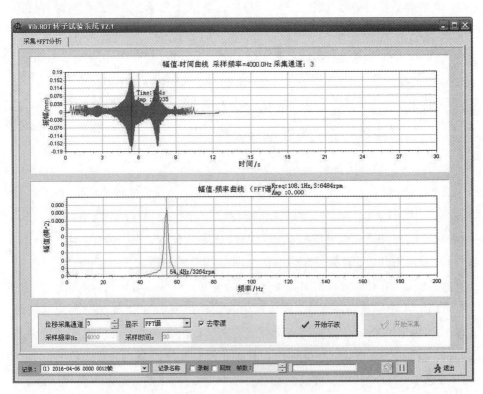

图 3.12　转子临界转速频谱图

图 3.12 中所示上面的图形为转子升速和降速过程中转子振幅(纵坐标)随着时间(横坐标)的变化示意图。从图中可以看出,转子在升速过程中,随着升速过程转子的振幅逐渐增大,在 5.4 s 时振幅达到最大值 0.197 mm,以后振幅逐渐减小;此时开始减小转子的转速,随着转速的减小,转子在降速过程中,7.4 s 时又一次经历了转子临界转速,所以对应有一处的转子振幅最大 0.197 mm。图 3.12 下面的幅频曲线中,横坐标频率(Hz),纵坐标幅值(mm),可以得出在转子升速和降速过程中,有一幅值最大的状态点,该点对应的横坐标的频率为 54.4 Hz,即为转子的临界转速频率,对应的临界转速为 3264 r/min。

3.2.2.3　李莎茹图法

李莎茹图是国外学者发现的一组图形,当两个互相垂直的正弦波交差运动时,在二者的交汇点上将出现稳定而又有一定规则的图形,把这组图形称为李莎茹图形。李莎茹图要求横纵交差的波形一定是正弦波,且两波形的频率互为整数倍。当两波形的初始相位角发生变化时,对应的波形也将产生一定的偏斜。试验时,转子位移测量通道要同时选取布置在转子主轴同一径向位置互相垂直的位移 3 通道和位移 4 通道,测量同一时刻转子的水平和垂直位移的变化情况。试验过程中随着转子均匀的升速,升速过程中,会在软件上显示出李莎茹图的变化过程,如图 3.13 转子临界转速李莎茹图所示。可以看出,临界转速前后相位有明显的变化,临界转速为 2905~3196 r/min,找到最大振幅 0.2 mm对应的临界转速为 3153 r/min。

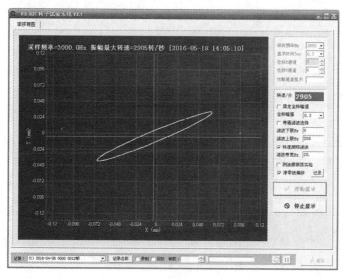

(a)

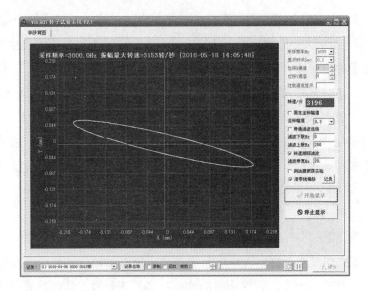

（b）

图 3.13　转子临界转速李莎茹图

3.2.2.4　试验结果与分析

根据上述三种临界转速测量方法，将其三种转子临界转速测量方法所得的临界转速、最大振幅、转速误差、最大振幅误差、转速误差率和振幅误差率等数据列于表 3.1。

表 3.1　　　　　　　　　三种方法测量转子临界转速数据统计

测量方法	临界转速 /(r·min^{-1})	最大振幅 /mm	转速误差/ (r·min^{-1})	最大振幅 误差/mm	转速误差 率/%	振幅误差 率/%
伯德图法	3197	0.202	—	—	—	—
频谱分析法	3264	0.197	67	−0.005	2.1	−2.48
李莎茹图法	3153	0.200	−44	−0.002	−1.38	−1.00

根据表 3.1 分析得出如下结论。

① 三种方法所测转子临界转速基本一致，以伯德图法为基础，转速误差和最大振幅测量误差均小于 2.5% 以下，证明三种方法所测结果比较准确。

② 伯德图法测量转子临界转速，试验的临界转速和转子相位变化清晰明了，试验结果准确，现场多数采取测量临界转速的方法。

③ 频谱分析法所测的临界转速时的最大位移偏小，可能是升速时在临界转

速时刻升速较快所导致测量数值偏小。

④ 频谱分析法，只能分析得到转子临界转速时对应的频率，并没有相位大小的变化，往往在试验测量过程中会产生临界转速的误判断。

⑤ 李莎茹图法所测的临界转速只能确定其大概范围，不能很准确地读取出转子临界转速的大小，而且转子相位不能准确地判断出来。

综上所述，转子临界转速测量多数采用伯德图法进行测量。

3.3 轮盘质量和位置改变对转子临界转速的灵敏度分析

3.3.1 试验设计

考虑轮盘质量和位置改变对转子临界转速的影响程度进行试验研究。选取轮盘质量分别为 490，660，980 g 3 个不同质量的轮盘进行试验，将轮盘分别安装在转子两支撑轴承中心位置（距左端轴承 220 mm）、距左端轴承 44，396，88，352，132，308，176，264 mm，中心对称安装在转子的 9 个位置点上。

利用上述试验软件的伯德图法进行转子临界转速试验测量，得出 27 组试验数据，如表 3.2 所示，将试验数据绘图，如图 3.14 所示。不同质量轮盘安装在转子中心位置的临界转速最小，偏离转子中心位置的临界转速逐渐增大，临界转速随着轮盘偏置位置的改变基本呈抛物线形状变化；随着质量的增加，转子的临界转速减小，质量增加得越大，临界转速减小得越快；对称位置的临界转速基本一致，如图 3.15 和图 3.16 所示。980 g 轮盘在距离左轴承 176 mm 和 264 mm 所测得的伯德图，临界转速相同，最大振幅和相位变化略有不同。

表 3.2 轮盘质量和位置改变所测转子临界转速试验数据 r·min⁻¹

轮盘质量/g	距左轴承/mm								
	44	88	132	176	220	264	308	352	396
490	6544	4513	3646	3398	3228	3406	3646	4513	6537
660	6523	4459	3282	2980	2833	2982	3267	4449	6534
980	6510	4403	2910	2590	2457	2590	2910	4405	6505

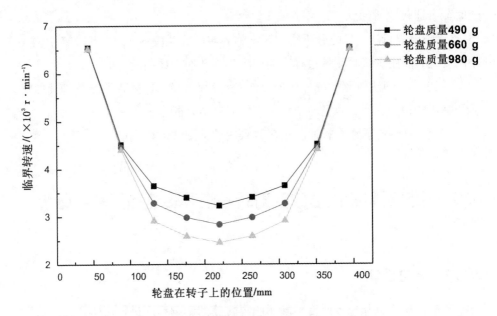

图 3.14　不同轮盘质量及位置对应的转子临界转速

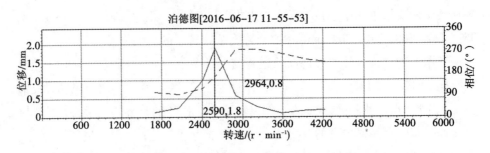

图 3.15　980g 轮盘在距左轴承 176 mm 处伯德图

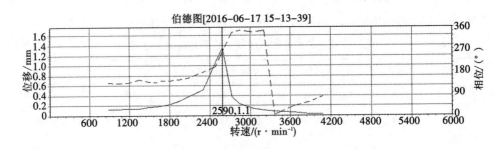

图 3.16　980g 轮盘在距左轴承 264 mm 处伯德图

3.3.2　理论计算与试验结果比较分析

根据上述试验装置参数：转子主轴两支撑点的长度为 0.44 m，转子主轴 45 号钢的弹性模量 E 为 210 MPa，主轴转动惯量 I 为 4.91 kg·m^2，转子轮盘质量分别为 490，660，980 g，轮盘位置变化中的 a，b 值根据前面试验中设定的轮盘 9 个不同位置来确定。根据不同质量和不同轮盘位置的 a，b 值代入式（3.40），分别计算出不同质量、不同轮盘位置的转子临界转速。

将轮盘实际位置 l_1 到转子中心位置 l_2 的偏置距离与转子中心到轴承的距离 $0.5l$ 之比定义为转子的偏置量，即转子偏置量为 $\dfrac{l_1 - l_2}{0.5l}$。根据上述试验测点距离左轴承 44，88，132，176，220，264，308，352，396 mm 的 9 个位置分别对应的偏置量为 80%，60%，40%，20%，0，20%，40%，60%，80%。理论计算结果、试验测量结果、理论计算结果与试验测量结果误差分析如表 3.3 所示。分析得出：理论计算结果以转子中心为对称，左右偏置量相同时，理论计算结果一致；配重 490 g 轮盘时，理论计算结果比试验结果大，配重 980 g 轮盘时，理论计算结果均比试验结果小，随着轮盘质量增大，试验结果增加速度大于理论计算结果；偏置量在 50% 以内时，理论计算与试验结果十分吻合，误差小于 ±8%，偏置量大于 50% 时，490 g 轮盘的误差达到将近 40%，980 g 轮盘的误差小于 ±1%，说明轮盘质量大的时候理论计算与试验结果将十分吻合；当转子偏置量太大时，会造成转子不平衡现象，将明显影响到转子的临界转速的计算和测量。

表 3.3　　　　轮盘质量和位置不同时理论计算与试验结果对比

轮盘质量/g	结果及误差分析	左偏置量/%				中心位置	右偏置量/%			
		80	60	40	20		20	40	60	80
490	试验结果	6544	4513	3646	3398	3228	3406	3646	4513	6537
	理论计算	9133	5137	3914	3425	3288	3425	3914	5137	9133
	误差/%	39.56	13.83	7.35	0.79	1.86	0.56	7.35	13.83	39.71
660	试验结果	6523	4459	3282	2980	2833	2982	3267	4449	6534
	理论计算	7870	4427	3373	2951	2833	2951	3373	4427	7870
	误差/%	20.65	-0.72	2.77	-0.97	0	-1.04	3.24	-0.45	20.45
980	试验结果	6510	4403	2910	2590	2457	2590	2910	4405	6505
	理论计算	6459	3633	2768	2422	2325	2422	2768	3633	6459
	误差/%	-0.78	-17.5	-4.88	-6.49	-5.37	-6.49	-4.88	-17.5	-0.71

3.3.3 轮盘偏置量对转子临界转速的灵敏度分析

通过表 3.2 中试验数据，取轮盘在转子中心左侧不同偏置量为横坐标，将三个不同质量轮盘(490，660，980 g)对应的转子临界转速为纵坐标，得出不同质量轮盘下偏置量对应的临界转速曲线如图 3.17 所示。可以看出，随着轮盘偏置量的增大，转子对应的临界转速逐渐增大，且在偏置量小于 40% 时增大不是很明显，偏置量大于 40% 以后，转子的临界转速迅速增大；随着轮盘质量的增大，转子的临界转速是减小的，偏置量小于 40% 时，变化的速率基本一致，当偏置量大于 60% 以后临界转速变化很小，当偏置量大于 60% 时，轮盘质量变化对转子临界转速影响非常小。

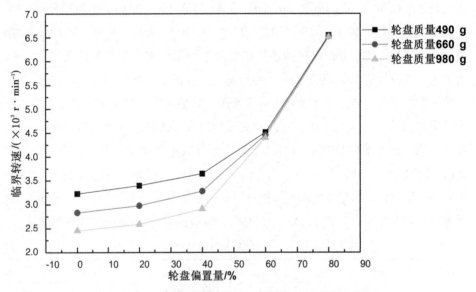

图 3.17 不同质量轮盘下偏置量对应的临界转速

这里引入灵敏度的数学定义，$S = \dfrac{\partial Y/Y}{\partial X/X} \times 100\%$ ，即因变量的相对变化与自变量的相对变化之比。三个不同质量轮盘(490，660，980 g)的临界转速对偏置量的灵敏度变化规律如图 3.18 所示。可以看出，随着轮盘偏置量的增大，转子临界转速对偏置量的灵敏度系数增加，偏置量小于 40% 时，灵敏度系数小于 0.7，偏置量大于 40%，灵敏度系数迅速增加，在偏置量达到 80% 时，灵敏度系数达到 2.4；随着轮盘质量的增加，同等偏置量下对应的灵敏度系数有所增加，轮盘在转子偏置 20% 和 80% 位置的灵敏度系数增加很小，轮盘在转子偏置 40% 和 80% 的区间，灵敏度系数增加比较明显。

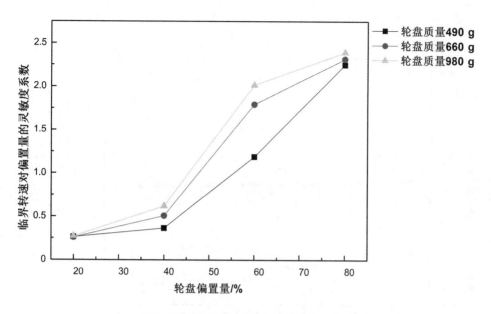

图 3.18　临界转速对轮盘偏置量的灵敏度

3.3.4　轮盘质量增加率对转子临界转速的灵敏度分析

通过表 3.2 中试验数据,取轮盘质量为横坐标,将三个不同质量轮盘(490,660,980 g)在转子上不同偏置量情况下对应的转子临界转速为纵坐标,得出不同偏置量下轮盘质量对应的临界转速曲线如图 3.19 所示。可以看出,随着轮盘质量的增加,转子对应的临界转速逐渐减小,变化趋势不明显,偏置量大于60%时,转子临界转速变化微小;同一质量下,转子偏置量小于 40%情况下,转子的临界转速变化不明显,转子偏置量大于 40%情况下,转子的临界转速增加速度明显;偏置量达到 80%时,对应的临界转速基本是偏置量 20%的 2 倍。

这里引入灵敏度的数学定义 $S = \dfrac{\partial Y/Y}{\partial X/X} \times 100\%$,即因变量的相对变化与自变量的相对变化之比。轮盘不同偏置量时,临界转速对轮盘质量增加比例的灵敏度变化规律如图 3.20 所示。

可以看出,随着轮盘质量增加,转子临界转速对质量增加比例的灵敏度系数负数方向较小(图 3.19 得出质量增大,临界转速减小),灵敏度系数最大为-0.35 左右,影响很小;质量增加比例小于 50%时,灵敏度系数变化比较明显,质量增加比例大于 50%时,灵敏度系数变化较微小;同一质量情况下,偏置量大于 60%以上的灵敏度系数很小,-0.04 以下,当偏置量小于 40%时,灵敏度系数增加比较快, 为-0.20~-0.35。

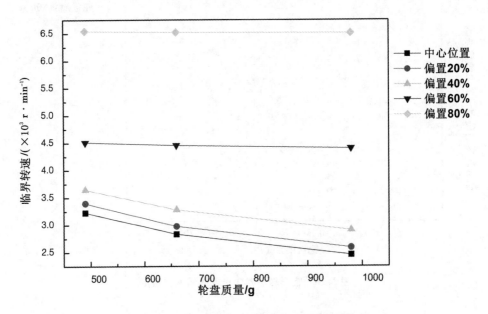

图 3.19 不同偏置量下轮盘质量对应的临界转速

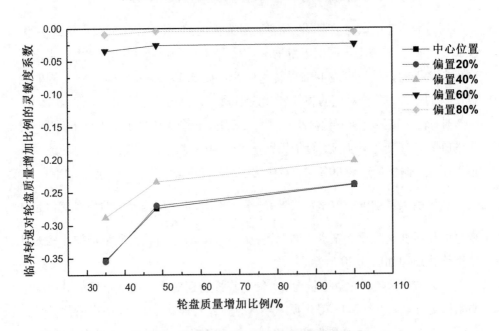

图 3.20 临界转速对轮盘质量增加量的灵敏度

3.4　本章小结

　　本书通过数值模拟计算了单盘薄圆盘转子系统的临界转速，采用三种方法对转子的临界转速进行了试验测量，所测结果误差很小，确保试验结果的准确性。同时，分析了三种方法测量转子临界转速的优缺点，得出转子临界转速测量最好选用伯德图方法进行。通过试验测量了三种不同轮盘质量在不同偏置量位置时对应的转子临界转速，引入灵敏度概念，对轮盘质量和位置变化对汽轮机转子临界转速影响进行研究。

　　转子轮盘位置和质量变化的理论计算与试验测量结果基本吻合，不同质量轮盘安装在转子中心位置的临界转速最小，偏离转子中心位置的临界转速逐渐增大，且对称位置的临界转速基本一致，随着质量的增加，转子的临界转速减小，质量增加得越大，临界转速减小得越快。转子临界转速随着轮盘质量和位置的变化整体呈抛物线状态，偏离中心位置 80% 位置以上，质量变化对转子临界转速基本没有什么影响。轮盘偏置量对临界转速的灵敏度系数为 0.25~2.4，偏置量越大，灵敏度系数越大；质量变化率对临界转速的灵敏度系数为 -0.35~-0.001，质量增加比例越大，灵敏度系数越小；偏置量对临界转速的影响远远大于质量的影响，是 7~10 倍。同一质量轮盘偏置量大于 40%，对转子临界转速改变量较明显；同一偏置位置，质量增加量小于 50%，对转子临界转速改变量较明显。

第4章 叶盘系统参数变化对振动特性影响研究

　　旋转机械设备中，轮盘是转子系统主要设备及做功的主要部件，对其结构设计及安全稳定性要求比较高。随着现代火电机组高参数、大容量、集中控制程度高等特点，汽轮发电机组轮盘的安全稳定运行显得尤为重要，要避免因汽流激振频率与轮盘固有频率相等而产生共振造成设备损坏。如能准确地掌握汽轮机轮盘的固有频率及振型，有利于轮盘设计加工和平衡孔的选取，避免转子不平衡所引起的重大事故。叶盘系统是燃气轮机的主要做功部件，在高转速、高温度、高压力的恶劣条件下工作，叶盘系统很可能因发生叶片结垢而发生质量变化、叶片受高载荷和离心力作用导致叶片损伤及脱落等现象。叶片质量变化和叶片脱落将严重影响转子系统的平衡性，转子系统不平衡将引起重大事故。

　　基于上述问题，本章首先建立了轮盘模态解析模型，对圆周对称结构的轮盘进行解析计算。基于共振法原理，对模拟轮盘进行调频激振，用轮盘上的细沙来表示模拟轮盘振型，并将试验振型与解析计算和有限元计算结果进行对比分析，验证试验可靠性。在此基础上，基于群论算法对叶盘系统模态进行计算分析，设计了10种不同参数的叶盘系统工况，讨论分析了叶盘系统结构变化的影响因素。

4.1　轮盘模态频率与振型解析计算

　　在工程实际中，旋转机械设备包括航空发动机、燃气轮机、汽轮机转子的轮盘在结构上呈现周期旋转对称性。轮盘可以看成密度均匀的圆周循环对称结构，圆周循环对称结构是指：一个结构或物理模型的几何形状是由数个相同的区块结构按规律排列而成，整个结构的行为现象可以用一个区块结构来表示，把轮盘近似看成圆环板的结构，采用极坐标分析其模态频率和振型比较方便。

在极坐标系中，取板中面位于坐标平面内，中面上一点可用 (r, θ) 作为坐标，取 z 为垂直板中面方向坐标，以向下为正。位移 u 沿 r 方向，v 沿 θ 方向，w 沿 z 方向。中面挠曲函数为 $w(r, \theta, t)$。

根据弹性力学中剪应力互等性原理

$$\tau_{yz} = \tau_{zy} , \tau_{xz} = \tau_{zx} , \tau_{xy} = \tau_{yx} \tag{4.1}$$

胡克定律

$$\gamma_{yz} = \frac{\tau_{yz}}{G} , \gamma_{zx} = \frac{\tau_{zx}}{G} , \gamma_{xy} = \frac{\tau_{xy}}{G} \tag{4.2}$$

由弹性体动力学的圆柱坐标系的几何方程

$$\gamma_{\theta z} = \frac{\partial v}{\partial z} + \frac{1}{r} \frac{\partial w}{\partial \theta} \tag{4.3a}$$

$$\gamma_{zr} = \frac{\partial w}{\partial r} + \frac{\partial u}{\partial z} \tag{4.3b}$$

$$\gamma_{r\theta} = \frac{\partial u}{r \partial \theta} + \frac{\partial v}{\partial r} - \frac{v}{r} \tag{4.3c}$$

可解得位移分量

$$u(r, \theta, z, t) = - z \frac{\partial w(r, \theta, t)}{\partial r} \tag{4.4a}$$

$$v(r, \theta, z, t) = - z \frac{\partial w(r, \theta, t)}{r \partial \theta} \tag{4.4b}$$

进一步代入式(4.3a)、式(4.3b)和式(4.3c)，可求得应变分量

$$\varepsilon_r = \frac{\partial u}{\partial r} = - z \frac{\partial^2 w}{\partial r^2} = - zk \tag{4.5a}$$

$$\varepsilon_\theta = \frac{u}{r} + \frac{\partial v}{r \partial \theta} = - z \left(\frac{\partial w}{r \partial r} + \frac{\partial^2 w}{r^2 \partial \theta^2} \right) = - zk_\theta \tag{4.5b}$$

$$\gamma_{r\theta} = \frac{\partial u}{r \partial \theta} + \frac{\partial v}{\partial r} - \frac{v}{r} = - 2z \frac{\partial}{\partial r} \left(\frac{\partial w}{r \partial \theta} \right) = - 2zk_{r\theta} \tag{4.5c}$$

根据弹性力学知识，如果已知一点的 6 个应力分量，就可以求得经过该点的任意截面的正应力和剪应力。若此截面的外法线 N 的方向余弦为 $\cos(N, x) = l$，$\cos(N, y) = m$，$\cos(N, z) = n$，结合弹性体动力学的圆柱坐标系物理方程

$$\varepsilon_r = \frac{1}{E} [\sigma_r - v(\sigma_\theta + \sigma_z)] \tag{4.6a}$$

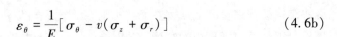

$$\varepsilon_\theta = \frac{1}{E}[\sigma_\theta - v(\sigma_z + \sigma_r)] \qquad (4.6b)$$

$$\varepsilon_z = \frac{1}{E}[\sigma_z - v(\sigma_r + \sigma_\theta)] \qquad (4.6c)$$

得

$$\varepsilon_r = \frac{1}{E}(\sigma_r - v\sigma_\theta) \qquad (4.7a)$$

$$\varepsilon_\theta = \frac{1}{E}(\sigma_\theta - v\sigma_r) \qquad (4.7b)$$

$$\gamma_{r\theta} = \frac{\tau_{r\theta}}{G} \qquad (4.7c)$$

代入应变表达式(4.5)，可得

$$\sigma_r = \frac{E}{1-v^2}(\varepsilon_r + v\varepsilon_\theta) = -\frac{E}{1-v^2}z\left[\frac{\partial^2 w}{\partial r^2} + v\left(\frac{\partial w}{r\partial r} + \frac{\partial^2 w}{r^2\partial\theta^2}\right)\right] \qquad (4.8a)$$

$$\sigma_\theta = \frac{E}{1-v^2}(\varepsilon_\theta + v\varepsilon_r) = -\frac{E}{1-v^2}z\left[\left(\frac{\partial w}{r\partial r} + \frac{\partial^2 w}{r^2\partial\theta^2}\right) + v\frac{\partial^2 w}{\partial r^2}\right] \qquad (4.8b)$$

$$\tau_{r\theta} = G\gamma_{r\theta} = -2Gz\frac{\partial}{\partial r}\left(\frac{\partial w}{r\partial\theta}\right) \qquad (4.8c)$$

定义极坐标内力分量：弯矩、扭矩、剪力分别为

$$M_r = \int_{-\frac{h}{2}}^{\frac{h}{2}}\sigma_r z\mathrm{d}z \ , \ M_\theta = \int_{-\frac{h}{2}}^{\frac{h}{2}}\sigma_\theta z\mathrm{d}z \ , \ M_{r\theta} = \int_{-\frac{h}{2}}^{\frac{h}{2}}\tau_{r\theta} z\mathrm{d}z \qquad (4.9a)$$

$$Q_r = \int_{-\frac{h}{2}}^{\frac{h}{2}}\tau_{zr}\mathrm{d}z \ , \ Q_\theta = \int_{-\frac{h}{2}}^{\frac{h}{2}}\tau_{\theta z}\mathrm{d}z \qquad (4.9b)$$

将应力表达式(4.8)代入式(4.9a)求积，可得弯矩、扭矩表达式

$$M_r = -D\left[\frac{\partial^2 w}{\partial r^2} + v\left(\frac{\partial w}{r\partial r} + \frac{\partial^2 w}{r^2\partial\theta^2}\right)\right] \qquad (4.10a)$$

$$M_\theta = -D\left[\left(\frac{\partial w}{r\partial r} + \frac{\partial^2 w}{r^2\partial\theta^2}\right) + v\frac{\partial^2 w}{\partial r^2}\right] \qquad (4.10b)$$

$$M_{r\theta} = -D(1-v)\frac{\partial}{\partial r}\left(\frac{\partial w}{r\partial\theta}\right) \qquad (4.10c)$$

考虑板件微体的动力平衡，忽略惯性力矩，有

$$\frac{\partial M_r}{\partial r} + \frac{\partial M_{\theta r}}{r\partial\theta} - Q_r = 0 \qquad (4.11a)$$

$$\frac{\partial M_{r\theta}}{\partial r} + \frac{\partial M_{\theta}}{r\partial \theta} - Q_{\theta} = 0 \tag{4.11b}$$

$$\frac{\partial Q_r}{\partial r} + \frac{\partial Q_{\theta}}{r\partial \theta} + q - \rho h \frac{\partial^2 w}{\partial t^2} = 0 \tag{4.11c}$$

将式(4.10)代入式(4.11a)、(4.11b)可得剪力表达式

$$Q_r = -D\frac{\partial}{\partial r}\boldsymbol{\nabla}^2 w \tag{4.12a}$$

$$Q_{\theta} = -D\frac{\partial}{r\partial \theta}\boldsymbol{\nabla}^2 w \tag{4.12b}$$

式中,$\boldsymbol{\nabla}^2 = \left(\dfrac{\partial^2}{\partial r^2} + \dfrac{\partial}{r\partial r} + \dfrac{\partial^2}{r^2\partial\theta^2}\right)$ 为极坐标系的拉普拉斯算子。

将式(4.12)代入式(4.11c)得极坐标系中薄板横向振动的基本微分方程

$$\left(\frac{\partial^2}{\partial r^2} + \frac{\partial}{r\partial r} + \frac{\partial^2}{r^2\partial\theta^2}\right)\left(\frac{\partial^2 w}{\partial r^2} + \frac{\partial w}{r\partial r} + \frac{\partial^2 w}{r^2\partial\theta^2}\right) + \frac{\rho h}{D}\frac{\partial^2 w}{\partial t^2}$$

$$= \boldsymbol{\nabla}^2\boldsymbol{\nabla}^2 w + \frac{\rho h}{D}\frac{\partial^2 w}{\partial t^2} = \frac{q}{D}(r,\theta,t) \tag{4.13}$$

极坐标系下轮盘振动方程的齐次式,即

$$\left(\frac{\partial^2}{\partial r^2} + \frac{\partial}{r\partial r} + \frac{\partial^2}{r^2\partial\theta^2}\right)\left(\frac{\partial^2 w}{\partial r^2} + \frac{\partial w}{r\partial r} + \frac{\partial^2 w}{r^2\partial\theta^2}\right) + \frac{\rho h}{D}\frac{\partial^2 w}{\partial t^2}$$

$$= \boldsymbol{\nabla}^2\boldsymbol{\nabla}^2 w + \frac{\rho h}{D}\frac{\partial^2 w}{\partial t^2} = 0 \tag{4.14}$$

设方程(4.14)的解为

$$w(r,\theta,t) = W(r,\theta)\sin(\omega t + \varphi) \tag{4.15}$$

将其代入方程(4.14),振型 $W(r,\theta)$ 应满足

$$\boldsymbol{\nabla}^2\boldsymbol{\nabla}^2 W - \alpha^4 W = 0 \tag{4.16}$$

式中 $\alpha^4 = \omega^2\rho h/D$,则振型函数可写为

$$\frac{\partial^2 W}{\partial r^2} + \frac{1}{r}\frac{\partial W}{\partial r} + \frac{1}{r^2}\frac{\partial^2 W}{\partial\theta^2} \pm \alpha^2 W = 0 \tag{4.17}$$

又设振型 $W(r,\theta) = R(r)\Phi(\theta)$,将其代入方程(4.17)可得

$$\left(\frac{\mathrm{d}^2 R}{\mathrm{d}r^2} + \frac{1}{r}\frac{\mathrm{d}R}{\mathrm{d}r}\right)\Phi + \frac{1}{r^2}R\frac{\mathrm{d}^2\varphi}{\mathrm{d}\theta^2} \pm \alpha^2 R\Phi = 0 \tag{4.18}$$

$$\left(\frac{\mathrm{d}^2 R}{\mathrm{d}r^2} + \frac{1}{r}\frac{\mathrm{d}R}{\mathrm{d}r} \pm \alpha^2 R\right)\Big/(R/r^2) = \left(\frac{\mathrm{d}^2\Phi}{\mathrm{d}\theta^2}\right)\Big/\Phi = -m^2 \tag{4.19}$$

由式(4.19)可得

$$\begin{cases} \dfrac{\mathrm{d}^2\varPhi}{\mathrm{d}\theta^2} + m^2\varPhi = 0 \\[3mm] \dfrac{\mathrm{d}^2R}{\mathrm{d}r^2} + \dfrac{1}{r}\dfrac{\mathrm{d}R}{\mathrm{d}r} + \left(\pm\alpha^2 - \dfrac{m^2}{r^2} \right)R = 0 \end{cases} \tag{4.20}$$

则式(4.20)中的二阶常系数微分方程及 Bessel 方程的解为

$$\begin{cases} \varPhi(\theta) = E_m\sin m\theta + F_m\cos m\theta \\[2mm] R(r) = A_m^0 J_m(\alpha r) + B_m^0 I_m(\alpha r) + C_m^0 Y_m(\alpha r) + D_m^0 K_m(\alpha r) \end{cases} \tag{4.21}$$

式中，J_m，Y_m，I_m，K_m 分别为 m 阶第一、二类及第一、二类修正贝塞尔函数。将式(4.21)代入所设振型 $W(r, \theta) = R(r)\varPhi(\theta)$ 中，可得基本方程(4.16)的一般解为

$$W(r, \theta) = \sum_{m=0}^{\infty} W_m(r, \theta)$$

$$= \sum_{m=1}^{\infty} \left[A_m J_m(\alpha r) + B_m I_m(\alpha r) + C_m Y_m(\alpha r) + D_m K_m(\alpha r) \right]\cos(m\theta) +$$

$$\sum_{m=1}^{\infty} \left[A'_m J_m(\alpha r) + B'_m I_m(\alpha r) + C'_m Y_m(\alpha r) + D'_m K_m(\alpha r) \right]\sin(m\theta)$$

$$\tag{4.22}$$

其中，系数 A_m，B_m，C_m，D_m，A'_m，B'_m，C'_m，D'_m 由边界条件确定。

设圆环薄板外边界 $r = a$、内边界 $r = b$。式(4.22)为其振型的一般解，现仅考虑以 $\theta = 0$ 轴为对称的振型，则圆环薄板的振型解为

$$W(r, \theta) = \left[A_m J_m(\alpha r) + B_m I_m(\alpha r) + C_m Y_m(\alpha r) + D_m K_m(\alpha r) \right]\cos(m\theta) \tag{4.23}$$

当圆环板外边自由、内边固定时，轮盘模型的 4 个边界条件为

$$W(b, \theta) = 0, \quad \frac{\partial W}{\partial r}(b, \theta) = 0,$$

$$\frac{\partial^2 W}{\partial r^2}(a, \theta) + \frac{\nu}{a}\frac{\partial W}{\partial r}(a, \theta) + \frac{\nu}{a^2}\frac{\partial^2 W}{\partial\theta^2}(a, \theta) = 0,$$

$$\frac{\partial^3 W}{\partial r^3}(a, \theta) + \frac{1}{a}\frac{\partial^2 W}{\partial r^2}(a, \theta) - \frac{1}{a^2}\frac{\partial W}{\partial r}(a, \theta) -$$

$$\frac{(3-\nu)}{a^3}\frac{\partial^2 W}{\partial\theta^2}(a, \theta) + \frac{(2-\nu)}{a^2}\frac{\partial^3 W}{\partial r\partial\theta^2}(a, \theta) = 0$$

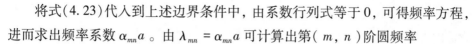

将式(4.23)代入到上述边界条件中,由系数行列式等于0,可得频率方程,进而求出频率系数 $\alpha_{mn}a$。由 $\lambda_{mn} = \alpha_{mn}a$ 可计算出第(m,n)阶圆频率

$$\omega_{mn} = \frac{\lambda_{mn}^2}{a^2}\sqrt{\frac{D}{\rho h}} \tag{4.24}$$

式中,m 为振型的节径数;n 为振型的节圆数。

4.2　轮盘模态振型试验与解析解和有限元分析对比

轮盘模态试验采用的模拟轮盘是根据 600 MW 火力发电厂汽轮机末级轮盘按比例 10∶1 加工缩小的模拟轮盘。采用激振法使模拟轮盘按不同频率振动,在不同激振频率下,通过轮盘上细沙的形状展现模拟轮盘的各阶振型,将试验结果与解析解和有限元分析结果进行比对分析,验证有限元分析结果的可靠性。

4.2.1　轮盘模态振型试验原理及装置

4.2.1.1　试验原理

模拟轮盘振型测试试验原理图如图 4.1 所示。利用共振法原理,通过信号发生器的输出功率端经功率放大器的放大处理,利用激振器对轮盘进行激振,信号发生器的输出功率可调,从而控制对轮盘激振频率的大小,拾振器把模拟轮盘的振动频率输入示波器的 X 通道,信号发生器输出的频率信号输入示波器的 Y 通道,当模拟轮盘发生共振时,在示波器上显示出对应的李莎茹图形。轮盘的各阶振型可以通过均匀布置于模拟轮盘上的细沙直观地表现出来。

用激振器以不同频率在模拟轮盘下方某一点激发振动,轮盘的振动波由激振力作用点沿圆周向四周以水波的形式传播,两波传到激振点对径处相遇,若激振力频率不同于叶轮自振频率时,则两波在相遇时相位不等,其振幅不会变大,也就不会出现共振现象,不会出现稳定不振的节径(线)。当激振力频率等于叶轮自振频率,两波在激振点对经处相遇时,两波相位相同,各自再继续传播时,均与原振动同相,使各处振幅相互叠加达到最大值,这时轮盘沿圆周方向上各处振幅相等,最大振幅处恒为最大、不振处亦然一直基本不振,即形成节径(线)。模拟轮盘是弹性体,具有多个自由度,即对应多个自振频率。随着激振力频率的增加，叶轮节径（线）增加、其对应自振频率升高。利用共振原理，即可测出轮盘不同振型及对应自振频率。节径（线）在叶轮上的表现可以通过细沙的运动来体现。

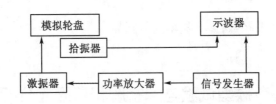

图 4.1　模拟轮盘振型测试试验原理图

4.2.1.2　试验装置

模拟轮盘振型测试试验装置如图 4.2 所示，主要由模拟轮盘、信号发生器、功率放大器、激振器、拾振器、示波器等组成，其主要特征参数如表 4.1 所示。

图 4.2　模拟轮盘振型测试试验装置

模拟轮盘按照现场 600 MW 火电机组末级轮盘的尺寸等比例缩小加工的，外径 500 mm，内径 50 mm，厚度 10 mm，外缘 10 mm 处厚度为 14 mm 的轴对称圆盘系统。为保证模拟轮盘结构的稳定，确保试验测量结果的准确性，支架采用 20 mm 厚的钢板，底座为 600 mm×600 mm 方板，上面连接直径为 100 mm、高度为 450 mm 的圆柱支撑立柱，立柱上面采用直径为 50 mm 的螺纹对模拟轮盘进行紧固连接。支撑立柱的中心与底座平面保证垂直，确保被测轮盘始终水平。激振器采用顶针式激振方式在模拟轮盘的外缘进行激振，保证激振器能够持续有效地激振，将激振器固定焊接于底座上的支撑支架上，支架的固有频率远大于试验所发生的激振频率，从而避免试验过程中发生底座与激振器的共振现象，造成试验结果不准确。拾振器是自主研发设计，根据试验所需的拾振频率范围，利用电磁原理设计的拾振器，采用非接触方式安装，安装间隙为 5 mm，将拾振信号的磁型号转化为电信号送到示波器内进行波形显示。模拟轮盘上的细沙经过仔细筛选，颗粒直径小于 1 mm。

表 4.1　　　　　　　　　　　　　　　试验装置主要特征参数

设备名称	型号	尺寸 （长×宽×高）	使用范围 /kHz	主要特点
信号发生器	SFG-1023	251 mm×291 mm×91 mm	0~3000	三种输出波形，5 W 功率输出可调
功率放大器	GF200-4	440 mm×370 mm×160 mm	0~10	具有信号削波、过流、过温保护指示
激振器	JZQ20	190 mm×190 mm×175 mm	0~2	最大激振力 10 kg，激励振幅±5 mm
拾振器	电磁线圈	80 mm×80 mm×60 mm	0~2	功率 200 W，采用非接触式安装
示波器	GOS-620	310 mm×455 mm×150 mm	0~20000	双通道、ALT 触发，高感度、频宽 20 MHz

4.2.2　轮盘模态有限元分析

模拟轮盘为轴对称结构，首先建立轮盘截面的几何模型，然后进行网格划分，最后通过截面的有限元网格旋转扫掠出整个模拟轮盘的有限元模型。根据测量实体轮盘材料的密度和刚度来定义模拟轮盘的单元属性，模拟轮盘材料为45 号钢，$E = 2.1 \times 10^{11}$ Pa，$\mu = 0.3$，$\rho = 7850$ kg/m^3。模拟轮盘整体有限元模型如图 4.3 所示，根据试验装置的安装条件，其边界条件定义为在模拟轮盘盘心处节点的轴向和周向位移固定，同时径向位移自由。

根据上述模型及方法进行有限元分析，求解出模拟轮盘的固有频率及模态振型，前 16 阶模态频率结果如图 4.4 所示，前 16 阶模态振型如图 4.5 所示。由图 4.4 和图 4.5 可以看出有些频率值相同或者成比例，这是由于轮盘结构和边界条件都是对称的，会出现振型和频率相同但相位不同的情况。由于模拟轮盘的轴对称性，其振动模态往往存在固有频率非常接近但振型不同的模态对即重根模态。模态 1 和 2，模态 4 和 5，模态 6 和 7，模态 10 和 11，模态 12 和 13，模态 14 和 15 等皆出现了频率相同、相位不同的重根模态，这反映了重根模态振型具有相同振动形式、而振动方向不同的特点。

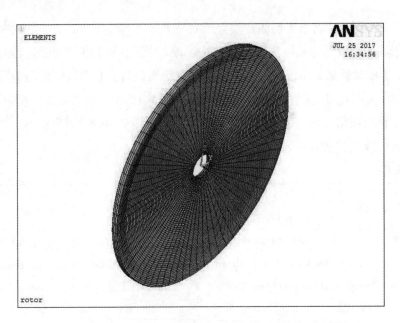

图 4.3　模拟轮盘整体几何模型及网格划分

```
Λ SET,LIST Command
File

  *****  INDEX OF DATA SETS ON RESULTS FILE  *****

  SET    TIME/FREQ   LOAD STEP   SUBSTEP   CUMULATIVE
   1     88.998          1          1          1
   2     88.998          1          2          2
   3     113.37          1          3          3
   4     200.25          1          4          4
   5     200.25          1          5          5
   6     467.16          1          6          6
   7     467.16          1          7          7
   8     553.34          1          8          8
   9     670.19          1          9          9
  10     782.24          1         10         10
  11     782.24          1         11         11
  12     848.60          1         12         12
  13     848.60          1         13         13
  14     1168.0          1         14         14
  15     1168.0          1         15         15
  16     1343.0          1         16         16
```

图 4.4　模拟轮盘前 16 阶模态频率

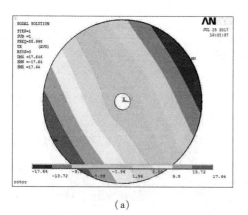

（a）

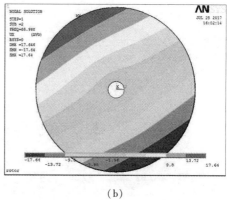

（b）

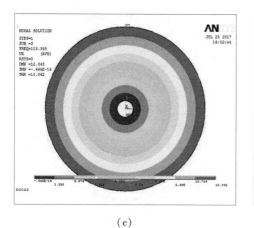

（c）

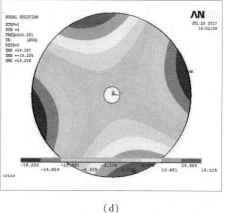

（d）

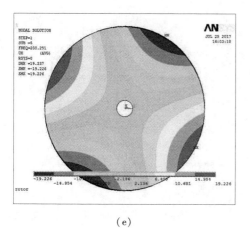

（e）

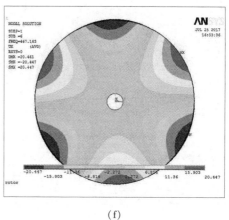

（f）

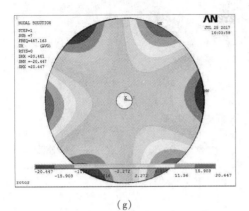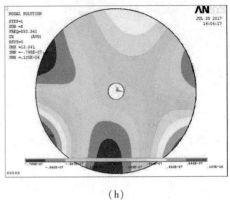

(g)　　　　　　　　　　　　　　　　(h)

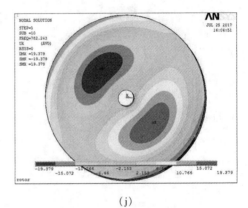

(i)　　　　　　　　　　　　　　　　(j)

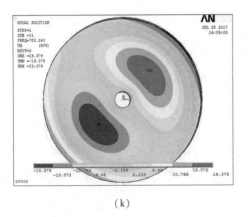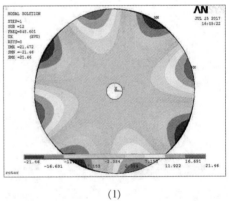

（k）　　　　　　　　　　　　　　　　(l)

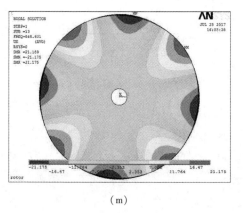
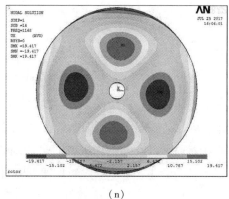

（m）

（n）

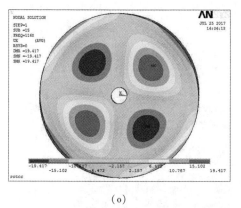
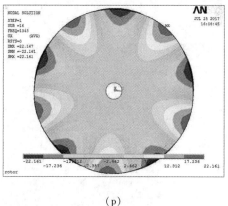

（o）

（p）

图 4.5 模拟轮盘前 16 阶模态振型

图 4.5 可以看出模态 1 和模态 2 为节线 $m=1$，相位偏差 90°的同频模态振型；模态 3 为节圆 $n=1$ 的模态振型；模态 4 和模态 5 为节线 $m=2$，相位偏差 90°的同频模态振型；模态 6 和模态 7 为节线 $m=3$，相位偏差 90°的同频模态振型；模态 8 为不规则模态振型；模态 9 为节圆 $n=2$ 的模态振型；模态 10 和模态 11 为节线 $m=1$，节圆 $n=1$ 的相位偏差 90°的同频模态振型；模态 12 和模态 13 为节线 $m=4$，相位偏差 90°的同频模态振型；模态 14 和模态 15 为节线 $m=2$，节圆 $n=1$ 的相位偏差 90°的同频模态振型；模态 16 为节线 $m=5$ 的模态振型。

图 4.5 中还可以看出随着节线数的增加对应的最大振动幅值也在逐渐增大，从节线 $m=1$ 时的最大振幅 17.646 μm 到节线 $m=5$ 时的最大振幅 12.161 μm。节圆 $n=1$ 时的最大振幅 12.045 μm，节圆 $n=2$ 时的最大振幅

13.72μm。可见随着节圆数的增大，轮盘的振幅也是逐渐增大的。发生节线模态时的振幅要大于发生节圆模态时的振幅。

4.2.3　结果对比

将细沙均匀撒在水平放置的模拟轮盘上，将试验设备按照试验原理图 4.1 所示进行连接，启动设备进行预热，做好试验前准备工作。调节信号发生器频率，从 20Hz 开始进行缓慢增大，使激振器以一定的激振频率激励轮盘，试验同时要对信号放大器的增幅按钮进行调节，确保对轮盘的激振是明显的，也要控制增幅的大小，避免造成激振器等设备损坏。增大信号发生器频率，直到模拟轮盘上出现清晰稳定沙形为止（之前会看到细沙在有序运动，运动的幅值逐渐加剧），记录此时沙形对应振型及对应的信号发生器的频率和示波器上对应的波形。继续增大信号发生器输出频率，直至得出多组振动沙形的振型，同样记录下不同沙形对应的频率和示波器上对应的波形。此沙形通过由大振幅区振动的细沙流入最小振幅区或静止区而形成的节线或者节圆，试验测得振型 $m = 2$，3，4，5 四种的沙型如图 4.6 所示。

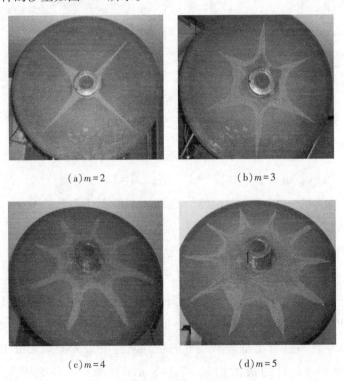

(a) $m = 2$　　　　　　　　(b) $m = 3$

(c) $m = 4$　　　　　　　　(d) $m = 5$

图 4.6　试验振型沙形图

利用本章 4.1 轮盘模态与振型解析计算部分，结合试验结果计算得出节线 $m = 1, 2, 3, 4, 5$ 的对应解析计算结果；提取有限元分析结果的模态第 1, 4, 7, 12, 16 对应的模态频率结果；将模拟轮盘试验沙形频率与解析计算频率和有限元计算频率比较如表 4.2 所示。三者对应的模态阶数与频率之间的曲线关系如图 4.7 所示。

表 4.2　模拟轮盘试验沙形频率与解析计算频率和有限元计算频率结果比较

变量	节线 $m = 1$	节线 $m = 2$	节线 $m = 3$	节线 $m = 4$	节线 $m = 5$
试验沙形频率/Hz	—	194.5	462.1	837.9	1329.6
解析计算频率/Hz	90.7	213.8	497.2	887.1	1386.6
有限元计算频率/Hz	88.998	200.251	467.163	848.601	1343
解析与试验误差/%	—	9.02	7.05	5.55	4.1
有限元与试验误差/%	—	2.96	1.10	1.28	1.01

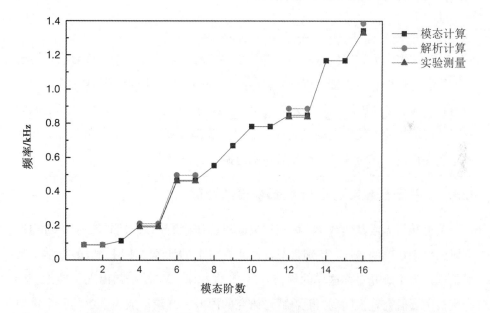

图 4.7　解析计算和模态计算与试验测量模态阶数与频率关系

通过表 4.2 数据和图 4.7 曲线得出如下结论。

① 解析计算和有限元计算得到轮盘的固有频率比试验测量频率略大。试验测量时，模拟轮盘内孔约束程度没有解析计算和模态分析的约束理想，导致试验模拟轮盘刚度减少，致使测量的固有频率比模态计算略小。

② 解析计算和有限元计算与试验结果基本吻合，验证了该试验的准确性。

③ 试验测量只能测得 $m = 2$, 3, 4, 5 节线振型,因为试验采用单点激振法,且模拟轮盘厚度相对模拟轮盘直径较大,模拟轮盘强度大,很难出现节圆现象,所以加工轮盘时可以有针对性地计算出轮盘的最佳厚度和形状。

④ 当模拟轮盘处于节线振动时,模拟轮盘会在对称侧的振幅一致,所以通常轮盘开平衡孔都不是偶数而是奇数(5 个或者 7 个),避免受集中应力导致模拟轮盘裂纹及损坏。

⑤ 当模拟轮盘处于模态频率下时,模拟轮盘边缘对称部位的振幅明显增大,其上连接的叶片的振幅将明显增大,会造成机组动静碰摩,长时间振动下去将导致轮盘系统疲劳变形甚至损坏。

4.3 叶盘系统模态数值分析

叶盘结构作为旋转机械的核心部件之一,其工作的可靠性直接影响着转子系统的安全运行。由于旋转机械叶盘结构所处的工作环境十分恶劣,具有较高的离心载荷、气动负荷、振动交变负荷等,这使得叶盘结构非常容易产生振动故障。特别是随着航空发动机设计日益向高转速和高推重比的趋势发展,叶片和轮盘变得越来越轻薄,导致叶盘系统的振动更为突出。

4.3.1 基于群论算法的叶盘系统模态计算

关于几何体或其他数学、物理对象的对称概念看起来很明显,但给对称这个概念一个精确的描述,特别是对称性质在量上的计算,使用一般的数学工具很困难。为了研究对称这样的规律,在 18 世纪末、19 世纪初出现了群论。群论最初主要研究置换问题,随着群论研究的深入。群已成为数学的一个重要分支,并分裂成许多的独立科目:群的一般理论、有限群论、连续群论、离散群论、群的表示论、拓扑群等。19 世纪到 20 世纪,群论在自然科学中得到了广泛的应用,例如在几何学、结晶学、原子物理学、结构化学等领域,群论的表示经常出现在具有对称性的问题研究中。群论算法是循环对称结构振动分析的主要方法之一,带有 N 个叶片的叶盘系统,若 N 个叶片完全相同,即几何、材料及固有振动频率均相同,则该叶盘系统就是一个 N 阶循环对称结构。从群论的角度讲，N 阶循环对称结构是关于 C_N 群的对称，故 N 阶循环对称结构也称为 C_N 结构。本节采用群论算法，结合模态综合技术来分析叶盘系统振动问题。

利用块循环矩阵的性质，把整体系统的运动方程简化为较低阶的复特征方程，并转化为实特征方程，从而使复特征方程与变换后的实特征方程等价。进而利用实对称矩阵特征值求解软件进行求解。

由循环对称结构的性质可以推知，循环对称结构相邻扇区的节点位移之间具有相同的传递矩阵 $[T]$，且满足

$$\{\delta_{k+1}\} = [T]\{\delta_k\} \quad k = 1, \cdots, N \tag{4.25}$$

所以，位移 $\{^{(d)}\delta_t\}$ 和 $\{^{(b)}\delta_t{}'\}$ 并不独立，若将位移看作复数，则它们之间有关系为

$$\{^{(b)}\delta_t{}'\} = \{^{(b)}\delta_t\} e^{ir\alpha} \tag{4.26}$$

或

$$\{p_t{}'\} = \{p_t\} e^{ir\alpha} \tag{4.27}$$

式中，$i = \sqrt{-1}$ 为纯虚量单位；$r = 0, 1, 2, \cdots, N/2$ 为节径数，$\alpha = 2\pi/N$ 为回转周期，N 为叶片总数，即循环对称的阶数。

由上述可导出总体变换如下

$$\{q\} = \begin{Bmatrix} \xi_m \\ \eta_k \\ P_t \\ P_t{}' \end{Bmatrix} = \begin{bmatrix} I_{mm} & 0 & 0 \\ 0 & I_{kk} & 0 \\ 0 & 0 & I_{tt} \\ 0 & 0 & I_{tt}e^{ir\alpha} \end{bmatrix} \begin{Bmatrix} \xi_m \\ \eta_k \\ P_t \end{Bmatrix} = [H_r]\{\xi_r\} \tag{4.28}$$

由功能不变原理得到叶盘系统在 ξ_r 坐标下的质量阵和刚度阵

$$[M_r] = [H_r]^* [\mu_r][H_r]$$

$$= \begin{bmatrix} I_{mm} & \mu_{mk} & \mu_{mt} + e^{ir\alpha}\mu_{mt'} \\ \mu_{mk} & I_{kk} & \mu_{kt} + e^{ir\alpha}\mu_{kt'} \\ \mu_{mt} + e^{ir\alpha}\mu_{mt'} & \mu_{kt} + e^{ir\alpha}\mu_{kt'} & {}^{(d)}\overline{m}_{tt} + {}^{(d)}\overline{m}_{t't'} + e^{-ir\alpha(d)}\overline{m}_{t't} + e^{ir\alpha(d)}\overline{m}_{tt'} \end{bmatrix}$$

$$\tag{4.29}$$

$$[\boldsymbol{K}_r] = [\boldsymbol{H}_r]^* [\boldsymbol{k}_r][\boldsymbol{H}_r]$$

$$= \begin{bmatrix} {}^{(d)}\Lambda_{mm} & 0 & 0 \\ 0 & {}^{(b)}\Lambda_{kk} & 0 \\ 0 & 0 & {}^{(d)}\overline{k}_{tt} + {}^{(d)}\overline{k}_{t't'} + e^{-ir\alpha\,(d)}\overline{k}_{t't} + e^{ir\alpha\,(d)}\overline{k}_{tt'} \end{bmatrix} \quad (4.30)$$

它们是 Hermite 矩阵。

于是得到叶盘系统复运动方程

$$[\boldsymbol{M}_r]\{\ddot{\xi}\} + [\boldsymbol{K}_r]\{\xi\}] = 0 \tag{4.31}$$

为了提取 Hermite 矩阵束（$[\boldsymbol{M}_r]$，$[\boldsymbol{K}_r]$）的特征对，把它们的实部和虚部分开写成 $[\boldsymbol{M}_r^{\mathrm{Re}}]$，$[\boldsymbol{K}_r^{\mathrm{Re}}]$ 和 $[\boldsymbol{M}_r^{\mathrm{Im}}]$，$[\boldsymbol{K}_r^{\mathrm{Im}}]$，即

$$[\boldsymbol{M}_r^{\mathrm{Re}}] = \begin{bmatrix} {}^{(d)}I_{mm} & \mu_{mk} & \mu_{mt} + \mu_{mt'}\cos r\alpha \\ \mu_{mk} & {}^{(b)}I_{kk} & \mu_{kt} + \mu_{kt'}\cos r\alpha \\ \mu_{mt} + \mu_{mt'}\cos r\alpha & \mu_{kt} + \mu_{kt'}\cos r\alpha & {}^{(d)}\overline{m}_{tt} + {}^{(d)}\overline{m}_{t't'} + ({}^{(d)}\overline{m}_{t't} + {}^{(d)}\overline{m}_{tt'})\cos r\alpha \end{bmatrix}$$
$$\tag{4.32}$$

$$[\boldsymbol{M}_r^{\mathrm{Im}}] = \begin{bmatrix} 0 & 0 & \mu_{mt'} \\ 0 & 0 & \mu_{kt'} \\ -\mu_{t'm} & -\mu_{t'k} & {}^{(d)}\overline{m}_{tt'} - {}^{(d)}\overline{m}_{t't} \end{bmatrix} \sin r\alpha \tag{4.33}$$

$$[\boldsymbol{M}_r^{\mathrm{Im}}] = \begin{bmatrix} {}^{(d)}\Lambda_{mm} & 0 & 0 \\ 0 & {}^{(b)}I_{kk} & 0 \\ 0 & 0 & {}^{(d)}\overline{k}_{tt} + {}^{(d)}\overline{k}_{t't'} + ({}^{(d)}\overline{k}_{t't} + {}^{(d)}\overline{k}_{tt'})\cos r\alpha \end{bmatrix}$$
$$\tag{4.34}$$

$$[\boldsymbol{K}_r^{\mathrm{Im}}] = \begin{bmatrix} 0 & 0 & 0 \\ 0 & 0 & 0 \\ 0 & 0 & {}^{(d)}\overline{k}_{tt'} - {}^{(d)}\overline{k}_{t't} \end{bmatrix} \sin r\alpha \tag{4.35}$$

这里取 $m = k = 6$，即取前 6 个特征值及其所对应的特征向量，以减少计算规模。

且有

$$\mu_{mt'} = \mu^{\mathrm{T}}_{t'm}, \quad \mu_{kt'} = \mu^{\mathrm{T}}_{t'k}, \quad {}^{(d)}\overline{m}_{tt'} = {}^{(d)}\overline{m}^{\mathrm{T}}_{t't}, \quad {}^{(d)}\overline{k}_{t't} = {}^{(d)}\overline{k}^{\mathrm{T}}_{tt'} \quad (4.36)$$

由块循环矩阵性质，令 $\{\xi_r\} = \{\overline{\xi}_r\}e^{ir\alpha}$，并代入式 4.31，得到

$$([\boldsymbol{K}_r] - \lambda_r[\boldsymbol{M}_r])\{\bar{\xi}_r\} = 0 \tag{4.37}$$

复特征向量也分成实部和虚部

$$\{\bar{\xi}_r\} = \{\bar{\xi}_r^{\text{Re}}\} + \mathrm{i}\{\bar{\xi}_r^{\text{Im}}\} \tag{4.38}$$

将式展开，得到 $2n$ 阶实特征方程

$$\begin{bmatrix} \boldsymbol{K}_r^{\text{Re}} & -\boldsymbol{K}_r^{\text{Im}} \\ \boldsymbol{K}_r^{\text{Im}} & \boldsymbol{K}_r^{\text{Re}} \end{bmatrix} \begin{Bmatrix} \bar{\xi}_r^{\text{Re}} \\ \bar{\xi}_r^{\text{Im}} \end{Bmatrix} = \lambda_r \begin{bmatrix} \boldsymbol{M}_r^{\text{Re}} & -\boldsymbol{M}_r^{\text{Im}} \\ \boldsymbol{M}_r^{\text{Im}} & \boldsymbol{M}_r^{\text{Re}} \end{bmatrix} \begin{Bmatrix} \bar{\xi}_r^{\text{Re}} \\ \bar{\xi}_r^{\text{Im}} \end{Bmatrix}$$

$$r = 1, 2, \cdots, N_f; \quad N_f = \begin{cases} N/2 - 1, & \text{当 } N \text{ 为偶数时} \\ (N-1)/2, & \text{当 } N \text{ 为奇数时} \end{cases} \tag{4.39}$$

当 $r = 0, N/2$（N 为偶数）时，式 4.31 式退化为实特征问题，即

$$\begin{aligned} [\boldsymbol{K}_0]\{\bar{\xi}_0\} &= \lambda_0[\boldsymbol{M}_0]\{\bar{\xi}_0\} \\ [\boldsymbol{K}_{N/2}]\{\bar{\xi}_{N/2}\} &= \lambda_{N/2}[\boldsymbol{M}_{N/2}]\{\bar{\xi}_{N/2}\} \end{aligned} \tag{4.40}$$

振动基本物理参数主要有振动频率和模态振型。振动频率是振动系统每秒振动的次数，单位为赫兹（Hz）。各类振动均有其相应的各阶振动频率，振动阶次越高，振动频率值越大。叶轮机转子各组件的固有频率包括旋转态固有频率与非旋转态固有频率。其中，后者仅取决于构件的材料特性、集合特性及边界条件，与外界因素无关。也就是说，组件结构材料确定，其非旋转态下的固有频率也相应确定。由于转子各组件均为连续弹性体，故有多阶固有振动频率。

对于每一个 r，实特征值问题式的 $2n$ 个特征值是 n 个二重根，与每一个重根 λ_r 相关联的特征向量分别彼此正交的二维特征子空间，即有两个彼此正交的模态。

$$\{\bar{\xi}_r^{(1)}\} = \begin{Bmatrix} \text{Re}\{\bar{\xi}_{rj}\} \\ \text{Im}\{\bar{\xi}_{rj}\} \end{Bmatrix}, \quad \{\bar{\xi}_r^{(2)}\} = \begin{bmatrix} 0 & I_n \\ -I_n & 0 \end{bmatrix} \{\bar{\xi}_r^{(1)}\} = \begin{Bmatrix} \text{Im}\{\bar{\xi}_{rj}\} \\ -\text{Re}\{\bar{\xi}_{rj}\} \end{Bmatrix}$$

$$\tag{4.41}$$

且满足：

$$\{\bar{\xi}_r^{(1)}\}^{\text{T}}\{\bar{\xi}_r^{(2)}\} = \{\bar{\xi}_r^{(2)}\}^{\text{T}}\{\bar{\xi}_r^{(1)}\} = 0 \tag{4.42}$$

$$\{\bar{\xi}_r^{(1)}\}^{\text{T}}[\boldsymbol{K}_r]\{\bar{\xi}_r^{(2)}\} = \{\bar{\xi}_r^{(2)}\}^{\text{T}}[\boldsymbol{M}_r]\{\bar{\xi}_r^{(1)}\} = 0 \tag{4.43}$$

求解特征方程并将结果代入式中，得到

$$\lambda_{r_j} = i\omega_{r_j} \tag{4.44}$$

$$\{\bar{\xi}_{r_j}^{(1)}\} = \text{Re}\{\bar{\xi}_{r_j}\} + i\text{Im}\{\bar{\xi}_{r_j}\} = \text{Re}\left\{\begin{matrix}\xi_{m_{r_j}}\\\eta_{k_{r_j}}\\p_{t_{r_j}}\end{matrix}\right\} + i\text{Im}\left\{\begin{matrix}\xi_{m_{r_j}}\\\eta_{k_{r_j}}\\p_{t_{r_j}}\end{matrix}\right\} \tag{4.45}$$

$$\{\bar{\xi}_{r_j}^{(2)}\} = \text{Im}\{\bar{\xi}_{r_j}\} + i\text{Re}\{\bar{\xi}_{r_j}\} = \text{Im}\left\{\begin{matrix}\xi_{m_{r_j}}\\\eta_{k_{r_j}}\\p_{t_{r_j}}\end{matrix}\right\} - i\text{Re}\left\{\begin{matrix}\xi_{m_{r_j}}\\\eta_{k_{r_j}}\\p_{t_{r_j}}\end{matrix}\right\} \tag{4.46}$$

这里 $j = 1, 2, \cdots, n$，n 为基本扇区的自由度数。

$$[X_r] = [\bar{\xi}_{r_1}^{(1)} \ \bar{\xi}_{r_1}^{(2)} \ \bar{\xi}_{r_2}^{(1)} \ \bar{\xi}_{r_2}^{(2)} \cdots \bar{\xi}_{r_n}^{(1)} \ \bar{\xi}_{r_n}^{(2)}] \tag{4.47}$$

式中，$\bar{\xi}_{r_j}^{(i)}$ 按特征值由小到大的次序排列。

振型是指振动系统以某阶频率振动时，其系统中各点振动位移的相对关系，它与相应的频率都是振动属性。振动过程中系统中各点距平衡位置的最大距离为振幅。

不同节径数下的相同阶次的模态是具有共同振动特征的模态族。叶盘系统的模态可通过对系统实特征方程式进行求解获得。

4.3.2 叶盘系统试验模型建立

基于 4.2.1 章节中所述模拟轮盘振型测试试验原理，将轮盘加装 18 个叶片构成叶盘系统，叶盘系统实物如图 4.8 所示，叶盘系统几何模型如图 4.9 所示。

图 4.8 叶盘系统实物

图 4.9 叶盘系统几何模型

轮盘为 4.2.1.2 章节中的轮盘，外径 500 mm、内径 50 mm、厚度 10 mm、外缘 10 mm 处厚度为 14 mm 的轴对称圆盘。在原轮盘的边缘上均匀安装 18 个叶片，两个相邻叶片之间安装角度为 20°，叶片的根部与轮盘的边缘沿轮盘径向用两个铆钉刚性连接。每个叶片加工成等截面直叶片，按照厚度：宽度：长度 =1 ：3 ：27 的比例加工，每个叶片厚度 6 mm、宽度 18 mm、高度 162 mm，叶根与轮盘外缘紧密配合，叶根高度为 10 mm，叶根两边厚度为 2 mm，叶根部位用两个直径为 4 mm 的销钉沿着轮盘径向连接。距离叶片顶部 32 mm 处开有直径为 6 mm 的键槽，键槽长度为 80 mm，键槽两端倒圆角直径为 6 mm。该键槽主要目的是在其上面加上不同质量的配重螺栓，并且配重螺栓位置可以进行改变，最大位移量为 80 mm，通过试验可以验证不同叶片重量变化对叶盘系统振动特性的影响研究。叶片形状及叶片安装示意如图 4.10 所示，图中叶片上的小配重块为加在叶片上不同质量和不同位置的示意。

图 4.10　叶片形状及叶片安装示意图

利用共振法原理，通过信号发生器的输出功率端经功率放大器的放大处理，利用激振器对叶盘进行激振，信号发生器的输出功率可调，从而控制对叶盘激振频率的大小，拾振器把叶盘的振动频率输入示波器的 X 通道和信号发生器输出的频率信号输入示波器的 Y 通道，当叶盘发生共振时，在示波器上显示出对应的李莎茹图形。叶盘系统振动测试试验装置如图 4.11 所示，图中试验装置主要特征参数如表 4.1 所示，在模拟轮盘振型测试试验装置基础上将轮盘更换为带有 18 叶片的叶盘系统，其他设备不变。

图 4.11　叶盘系统振动测试试验装置

4.3.3　叶盘系统模态有限元分析

4.3.3.1　有限元建模及网格划分

本章 4.2.2 部分对轮盘有限元进行了分析，并对轮盘模态振型试验与解析解和有限元进行对比分析，确定有限元结果的准确性。在图 4.3 基础上，根据图 4.8 及上文所述叶片具体尺寸，对叶盘系统进行建模及网格划分，叶盘网格划分如图 4.12 所示。

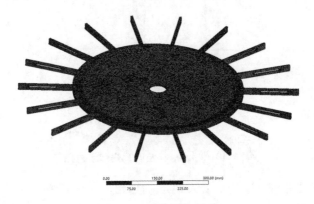

图 4.12　叶盘网格划分

4.3.3.2　有限元结果分析

对叶盘中心孔位置进行约束，经有限元计算得出叶盘系统试验装置的前 100 阶的振动频率，如图 4.13 所示。从图 4.13 可以看出叶盘系统模态变化出现了频率转向现象，即系统特征值轨迹随某些系统特性参数先汇聚，但不交叉，再分离的现象。该现象普遍存在于转子动力学及振动应用领域。可以看出，随着阶次的增加，固有频率大致分为 6 个近似水平的区域和 5 个爬升区域，高频时比低频时更为明显，在水平区域频率高度密集，在此区域主要为叶片主导振动模态；5 个爬升区域为频率转向区域，轮盘主导振动模态。

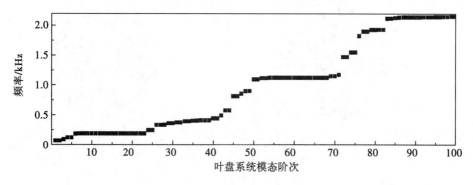

图 4.13　叶盘系统各阶模态频率

叶盘系统是轴对称系统，必存在重根，这里不考虑重根，提取前 100 阶爬升区的典型振型如图 4.14 所示。图中，m 代表叶盘系统的节径数，n 代表叶盘系统的节圆数。随着阶次的升高，叶盘系统的振动频率为增大，对应的节径数和节圆数逐渐增加。第一，为 1 阶振型，振动频率为 65.517 Hz，叶盘系统只有一条节径；第二，为 3 阶振型，振动频率为 86.308 Hz，叶盘系统无节径和节圆，叶盘径向膨胀；第三，为 4 阶振型，振动频率为 117.22 Hz，叶盘系统有两条节径；第四，为 6 阶振型，振动频率为 180.05 Hz，叶盘系统无节径和节圆，从第 6 阶到 23 阶振型都是以各叶片振动为主，无任何规律；第五，为 24 阶振型，振动频率为 241.34 Hz，叶盘系统有三条节径；第六，为 28 阶振型，振动频率为 331.02 Hz，叶盘系统有两个节圆。

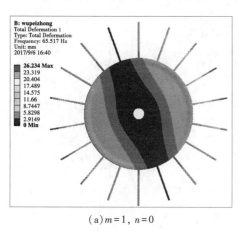

（a）$m=1$，$n=0$

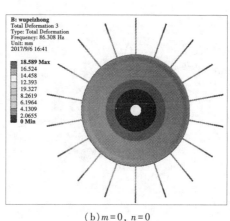

（b）$m=0$，$n=0$

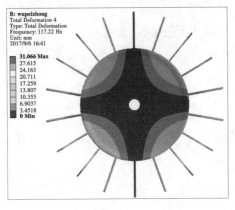

（c）$m=2$，$n=0$

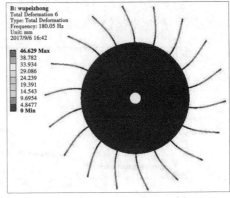

（d）$m=0$，$n=0$

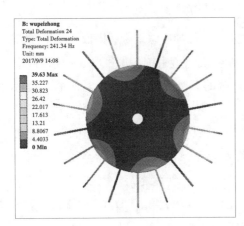

（e）$m=3$，$n=0$

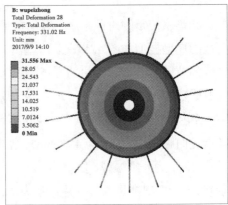

（f）$m=0$，$n=1$

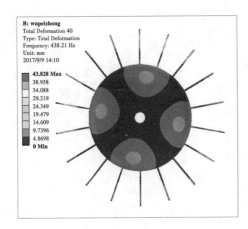

（g）$m=2$，$n=0$

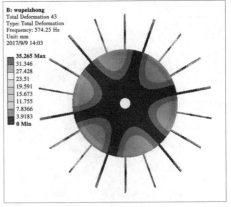

（h）$m=3$，$n=0$

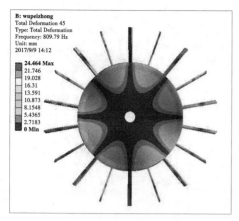

（i）$m=4$，$n=0$

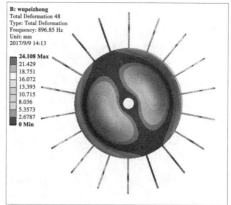

（j）$m=1$，$n=1$

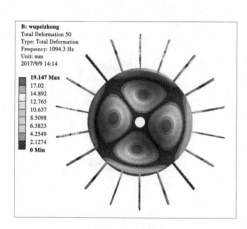

（k）$m=2$，$n=1$

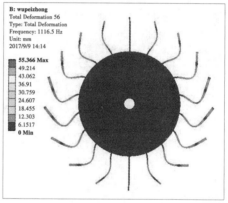

（l）$m=0$，$n=0$

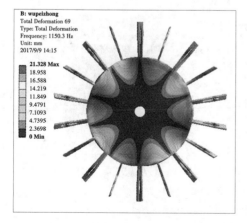

（m）$m=5$，$n=0$

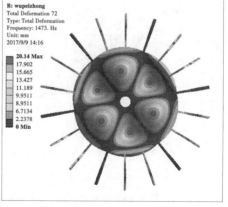

（n）$m=3$，$n=1$

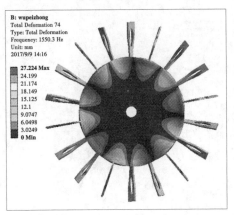
(o) $m=6$, $n=0$

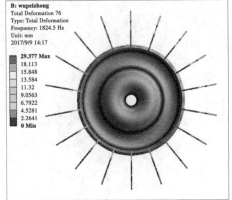
(p) $m=0$, $n=2$

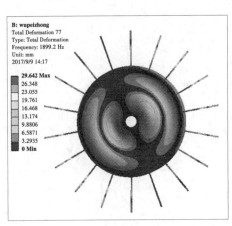

(q) $m=1$, $n=2$

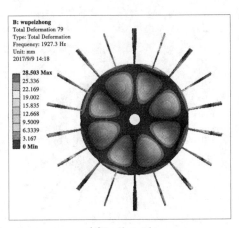
(r) $m=4$, $n=1$

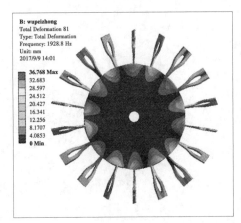
(s) $m=7$, $n=0$

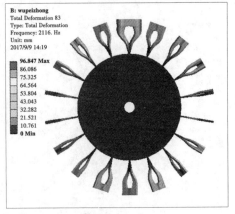
(t) $m=0$, $n=0$

图 4.14 叶盘系统各阶模态振型

以此类推，只要激振频率足够大，叶盘系统将出现不同节径和节圆数的振型，一般的叶盘系统工作中主要承受的是低阶振动，就汽轮发电机组而言，由于其工作转速为 3000 r/min，其对应的工频为 50Hz，汽流激振频率最多也就到 5 倍工频大小，叶盘系统低阶振动的研究尤为重要。图 4.13 对应的水平区域，叶盘系统的振动主要表现为叶片无规律的振动，此区间轮盘基本是不振的，个别叶片振动幅值比较明显，对机组的安全会造成一定的影响，要严格控制叶盘系统在此区间长时间工作，否则，将造成叶片疲劳损伤和断裂等危险。

4.4 叶盘系统参数变化对振动特性影响分析

4.4.1 叶盘系统参数变化工况设计

叶盘系统长时间处于高温、高压工况下运行，其可靠性直接影响着转子系统的安全运行。叶盘系统中叶片质量变化将导致叶盘系统的固有特性发生改变，如叶片裂纹、叶片结垢、叶片脱落等现象时有发生。根据上述实际问题，设置 10 种不同工况，讨论叶盘系统振动特性的影响因素，分析结果对叶盘系统设计、制造、维修等工作起到借鉴作用。

不同工况设计如下：将加了叶片的叶盘系统与原轮盘的模态结果和振型进行比较分析，找出叶盘系统与轮盘系统在模态频率、振型、振幅上的区别；在单个叶片开槽部位的上、中、下三个位置进行加重，加重的质量不变，讨论分析叶盘系统的模态频率、振型、振幅的变化情况；在互成一定角度(60°，120°，180°)的两个叶片上加重，讨论分析叶盘系统模态频率、振型、振幅的变化情况；在同一个叶片的同一个位置进行不同质量加重，讨论分析叶盘系统模态频率、振型、振幅的变化情况；将整个叶盘系统相邻位置的叶片去掉 1/3(6 片)，讨论分析叶盘系统模态频率、振型、振幅的变化情况。依然考虑低频振动时的模态频率、振型和振幅的变化情况，截取了 10 种不同工况下的前 16 阶模态振动频率，如表 4.3 所示，对应的叶盘系统不同工况下模态频率如图 4.15 所示。

表 4.3　叶盘系统不同工况下模态频率

Hz

阶次	轮盘	叶盘系统	不同工况下模态频率							
			单个叶片顶端配重	单个叶片中部配重	单个叶片底端配重	双叶片60°顶端配重	双叶片120°顶端配重	双叶片180°顶端配重	单叶片顶端3倍配重	相邻叶片缺失1/3
1	88.998	65.517	65.502	65.511	65.512	65.478	65.492	65.475	65.456	68.081
2	88.998	65.537	65.522	65.525	65.526	65.517	65.504	65.521	65.507	71.095
3	113.37	86.308	86.29	86.299	86.299	86.272	86.272	86.272	86.263	95.41
4	200.25	117.22	117.16	117.21	117.2	117.13	117.13	117.1	117.1	130.52
5	200.25	117.22	117.22	117.22	117.22	117.19	117.19	117.22	117.22	132.14
6	—	180.05	179.83	180.01	180.07	179.64	179.64	179.65	179.94	181.7
7	—	185	182.95	184.49	185.01	182.76	182.74	182.78	183.88	185.12
8	—	185.03	185.01	185.01	185.03	183.16	183.17	183.22	185.01	185.05
9	—	185.05	185.03	185.03	185.05	185.01	185.01	185.01	185.03	185.06
10	—	185.05	185.05	185.05	185.06	185.03	185.03	185.03	185.05	185.09
11	—	185.06	185.06	185.06	185.06	185.05	185.05	185.05	185.06	185.1
12	—	185.06	185.06	185.06	185.07	185.06	185.06	185.06	185.06	185.11
13	—	185.08	185.07	185.07	185.09	185.06	185.06	185.06	185.08	185.12
14	—	185.09	185.09	185.09	185.1	185.07	185.07	185.07	185.09	185.15
15	—	185.1	185.1	185.1	185.11	185.09	185.09	185.09	185.1	185.16
16	—	185.11	185.11	185.11	185.11	185.1	185.1	185.1	185.11	185.17

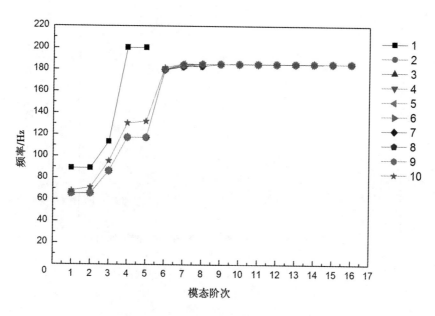

图 4. 15　叶盘系统不同工况下模态频率

图 4.15 中，曲线 1 代表轮盘不同阶次对应的模态频率；曲线 2 代表叶盘系统不同阶次对应的模态频率；曲线 3 代表叶盘某个叶片键槽顶部加重 1.7 g 不同阶次的模态频率；曲线 4 代表叶盘某个叶片键槽中部加重 1.7 g 不同阶次的模态频率；曲线 5 代表叶盘某个叶片键槽底部加重 1.7 g 不同阶次的模态频率；曲线 6 代表叶盘某两个互成 60°叶片键槽顶部分别加重 1.7 g 不同阶次的模态频率；曲线 7 代表叶盘某两个互成 120°叶片键槽顶部分别加重 1.7 g 不同阶次的模态频率；曲线 8 代表叶盘某两个互成 180°叶片键槽顶部分别加重 1.7 g 不同阶次的模态频率；曲线 9 代表叶盘某个叶片键槽顶部加重 5.1 g 不同阶次的模态频率；曲线 10 代表叶盘相邻六个叶片脱落不同阶次的模态频率。以工况 2 为基准，工况 3~10 与工况 2 进行偏差分析，如图 4.16 所示。

根据图 4.15 和图 4.16，可以看出叶盘系统在原轮盘上加了 18 个叶片以后的各阶振动频率均减小；单个叶片上不同位置加重对叶盘系统的模态频率影响很小；同一位置加重质量越大，频率相对越小；当临近叶片脱落将使轮盘系统的模态频率大幅增加；上述不同工况研究，在第 6~9 阶变化比其他阶次明显。

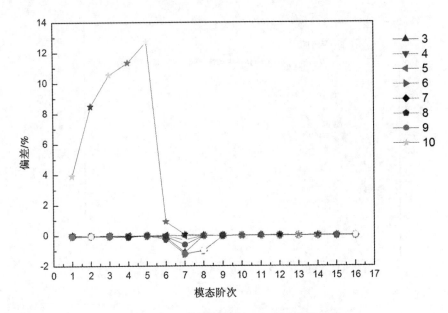

图 4.16　叶盘系统不同工况下模态频率偏差

4.4.2　叶盘系统结构变化影响分析

根据图 4.15 和图 4.16，并提取对应的模态振型图进行比较分析，得出如下结论。

4.4.2.1　轮盘与叶盘系统模态比较分析

分别提取轮盘与叶盘系统第 1，3，4，6 阶低阶模态振型进行对比，如图4.17 所示。其中，轮盘和叶盘系统的第 1 阶和第 4 阶分别存在着重根现象。由图 4.17 可以看出轮盘和叶盘系统的模态振型趋势基本相同，图中依次展示出节线 $m=1$、径向膨胀、节线 $m=2$ 对应的振型图，第 6 阶振型有差别，轮盘第 6 阶为节线 $m=3$ 的振型图，叶盘系统为轮盘静止，叶片振动的振型，并且如前所述，叶盘系统第 6 阶到第 23 阶为叶片不规律的振动。轮盘和叶盘系统整体上随着节线数的增加，振动的幅值逐渐增大，但是径向膨胀的振幅小于节线数 $m=1$ 的振幅。对应模态振型时叶盘系统由于质量增加，导致整个叶盘系统的模态频率减小，可以将叶盘系统看成在原有轮盘基础上增大了轮盘的直径所造成的，由于 18 个叶片均匀安装在叶轮上，叶盘系统依然是轴对称结构，振型趋势与轮盘基本一致。由于叶盘系统增大了直径，对应振型的振幅将比原轮盘的振幅有所增大。轮盘第 6 阶以后依然按照节线与节圆数量交替增加的趋势发展，相反叶盘系统第 6 阶到第 23 阶出现了模态频率基本不变，对应的不同振型以不同叶片振动变化表现。

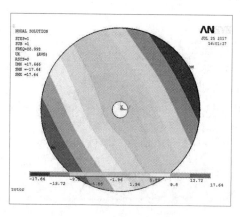

（a）

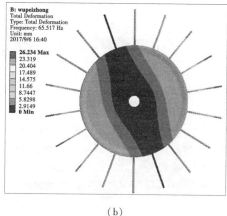

（b）

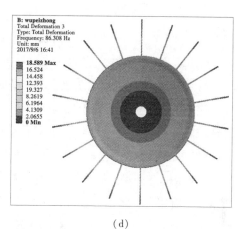

（c）

（d）

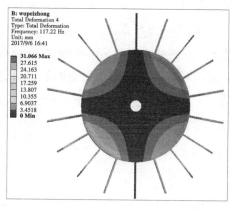

（e）

（f）

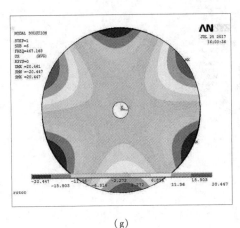
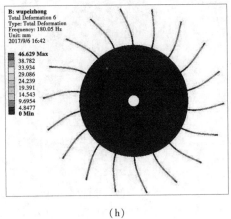

(g)　　　　　　　　　　　　　　　　　　　(h)

图 4.17　轮盘与叶盘系统模态振型对比

4.4.2.2　单个叶片质量变化对叶盘系统模态频率的影响

针对本书研究的叶盘系统，选择平面最上方的叶片进行加重研究。分别在叶片键槽的上、中、下三个位置加同一质量为 17 g 的配重块，进行模态分析；再选取叶片键槽最上端固定，加其不同质量的配重块，加 51 g 的配重块，与其上面的工况进行对比分析。提取上述四种工况与叶盘系统初始状态（不加配重）的典型模态振型，如图 4.18 所示。每一行从左到右依次是单个叶片键槽不加重量、顶端、中部、底端加 17 g 的配重块和顶端加 51 g 的配重块。从图 4.16 看出，质量变化时，第 6，7，8 阶模态频率偏差较大，故提取这三阶的振型进行比较。

由图 4.18 可得出：叶盘系统的第 6，7，8 阶模态振型都是叶轮静止，叶片振动，此时叶片振动的幅值远远大于前 5 阶轮盘主导振动的振幅，该频率区间叶片极易疲劳损伤乃至发生断裂；配重块加在叶片的顶端对应的振动幅值要大，对应的振动频率略小一些；同一位置配重的质量越大，模态频率略小，对应的最大振幅略大。

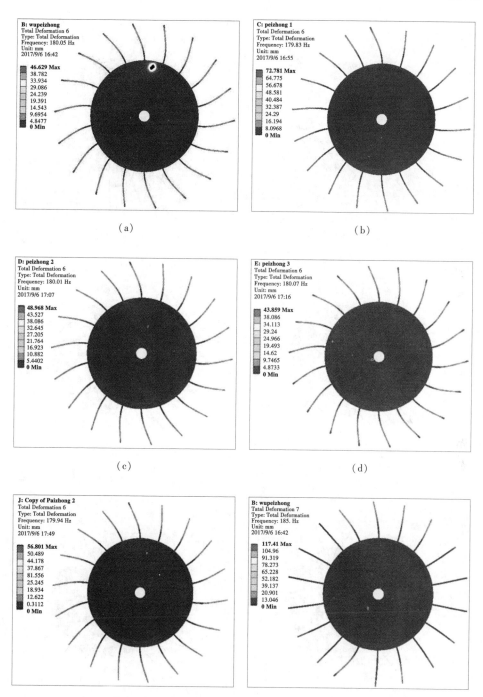

（a）

（b）

（c）

（d）

（e）

（f）

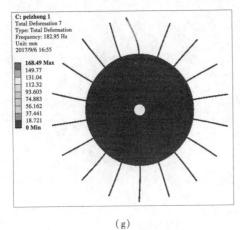

（g）

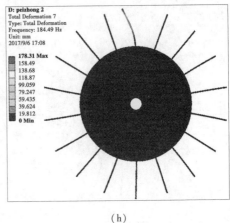

（h）

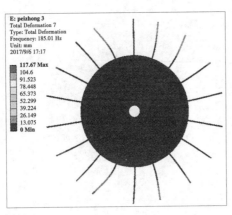

（i）

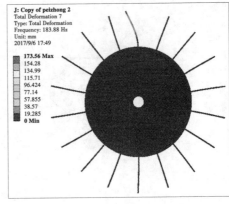

（j）

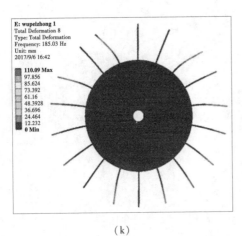

（k）

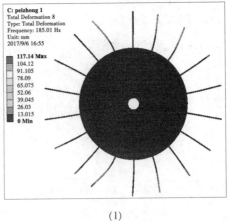

（l）

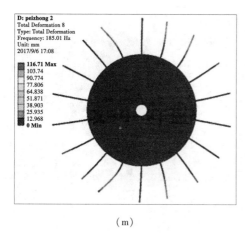

（m）

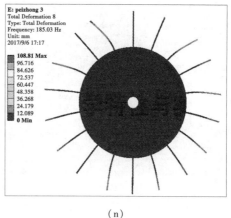

（n）

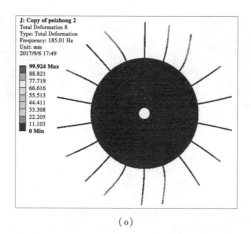

（o）

图 4.18　叶盘系统叶片质量变化的模态振型对比

4.4.2.3　双叶片互成角度加重对叶盘系统模态频率的影响

　　针对本书研究的叶盘系统，选择平面最上面的叶片为基准，选择互成 60°，120°，180°三个角度的叶片进行顶端加重，两个叶片同时加 17 g 的配重块，对其三种加重情况与叶盘系统初始状态（不加配重）的典型模态振型进行比对分析，如图 4.19 所示。

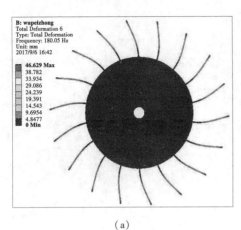

（a）

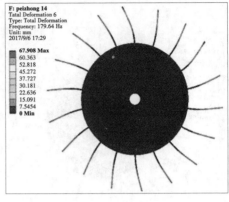

（b）

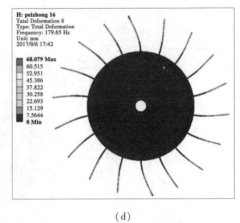

（c）

（d）

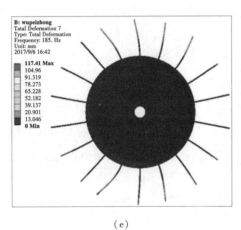

（e）

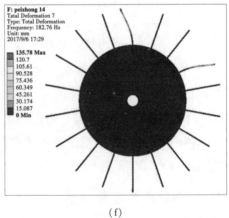

（f）

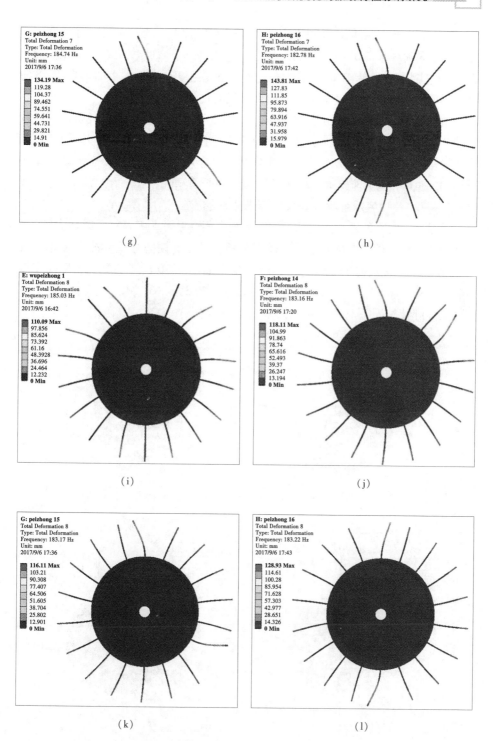

图 4.19　叶盘系统双叶片不同角度加重的模态振型对比

每一行从左到右依次是叶盘初始状态、双叶片互成 60°顶端同时加重 17 g 配重块、双叶片互成 120°顶端同时加重 17 g 配重块、双叶片互成 180°顶端同时加重 17 g 配重块。从图 4.16 看出，双叶片互成角度顶端加配重的第 6，7，8 阶模态频率偏差较大，故提取这三阶的振型进行比较。

由图 4.19 可得出：叶盘系统的第 6，7，8 阶模态振型都是叶轮静止，叶片振动，此时叶片振动的幅值远远大于前 5 阶轮盘主导振动的振幅，该频率区间叶片极易疲劳损伤乃至发生断裂；叶盘系统双叶片加配重后的模态振动频率小于不加配重时的模态振动频率，振幅变化无明显规律。

4.4.2.4　叶盘系统叶片缺失对模态频率的影响

针对本书研究的叶盘系统，以平面上最上面的叶片为基准，顺时针去掉 1/3（6 片）的叶片，对其进行有限元的模态分析，得出的模态振型和模态频率与叶盘系统初始状态（不加配重）进行比较分析。如图 4.20 所示，提取典型模态振型进行对比分析，第一行为叶盘初始状态的第 2，3，4，6，24 阶模态振型，第二行为缺失叶片情况下与初始状态振型相似的第 2，3，4，6，19 阶模态振型。

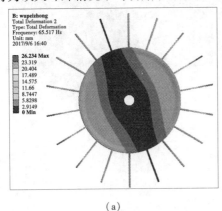
(a)

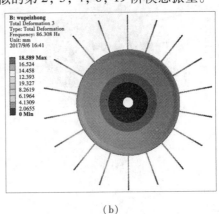
(b)

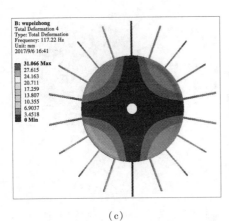
(c)

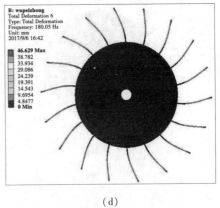
(d)

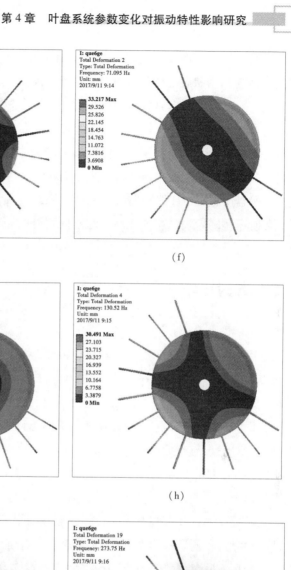

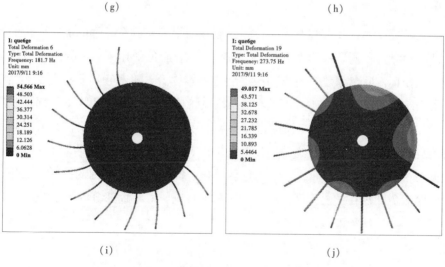

图 4.20　叶盘系统双叶片缺失模态振型对比

结合图 4.15、图 4.16 和表 4.3 可得出：叶盘系统的部分叶片缺失后，模态振型大体与初始状态变化趋势一致；由于叶片缺失，造成叶盘系统的质量分布不均匀，导致相应的模态振型发生变化，节线和节圆的位置发生偏移，不再是对称分布了；由于叶片的缺失，失谐叶盘的质量减小明显，导致叶盘系统的各阶模态频率显著增加，特别是低阶时增加较为明显；叶片缺失造成叶盘系统不对称，导致各阶的振动幅值明显增大；在第 6~23 阶时，叶盘系统仍以叶片振动为主，轮盘静止；叶片的缺失将导致叶盘系统的质量不平衡，失去轴对称的特性，各阶振型随着失谐量变化将引起不同程度的振动危害。

4.5 本章小结

本章基于共振法原理，对汽轮机模拟轮盘进行调频激振，用轮盘上细沙运动来表示模拟轮盘振型，并将试验振型与解析计算和有限元计算结果进行对比分析，验证试验的可靠性。在上述轮盘基础上加装 18 个叶片，基于上述理论与试验的正确性，引入群论算法的叶盘系统模态计算，对叶盘系统进行了振动特性分析。对轮盘与叶盘系统模态比较分析、单个叶片质量变化对叶盘系统模态频率的影响、双叶片互成角度加重对叶盘系统模态频率的影响、叶盘系统叶片缺失对模态频率的影响等方面进行了分析。

轮盘模态解析计算和有限元计算与试验结果基本吻合，验证了该试验的准确性。轮盘开平衡孔数为奇数(5 个或者 7 个)，避免受集中应力导致模拟轮盘裂纹及损坏。叶盘系统与轮盘的振型趋势基本吻合，随着叶片质量增加，整个叶盘系统的各阶模态频率逐渐减小，振幅也将略微增大。当叶片不同部位上质量增加时，对叶盘系统的各阶模态频率影响不大，除非质量偏差较大或者叶片脱落将产生较大影响。叶盘系统低频振动时，以轮盘振动为主导，叶片随着轮盘振动；在某一频率区间，会产生轮盘不振、各个叶片无规则的振动，工作过程中要避免叶盘在此工作区间长时间工作，否则，将导致部分叶片的疲劳损伤甚至发生叶片断裂的危害。

第5章　叶片展弦比对叶盘系统
振动特性的影响

　　叶片展弦比即叶片的长度与弦长之比。展弦比代表了叶片的相对长度或相对宽度，是影响叶盘系统振动特征的重要几何参数之一。展弦比大小不同，决定了叶片形状、叶片刚度，直接影响叶盘系统的动力学特性。已有学者针对展弦比对叶片的气动特性做了详细的分析，而对其固有振动特性的分析却相对较少。

　　为了探讨叶片展弦比对叶盘系统固有振动特性的影响，本章在第4章基础上针对叶盘系统涉及的扭曲叶片和直叶片建立了不同展弦比下的叶片结构模型，对叶片的固有频率求解分析，并讨论了各展弦比下叶片的固有振动特性。在此基础上，建立叶盘系统模型，对扭曲叶片和直叶片对应的叶盘系统进行动频分析，讨论了扭曲叶片和直叶片在不同展弦比下对叶盘系统动频影响的变化规律。

5.1　叶片不同展弦比下振动特性分析

5.1.1　叶片结构设计与建模

　　为了讨论展弦比对叶盘系统的固有振动特性的影响，需要建立不同展弦比下叶片的结构模型。令叶片的长度为 h ，弦长为 b ，则叶片的展弦比 λ 可表示为 h/b ，即 $\lambda = h/b$ ，叶片展弦比参数如图5.1所示。

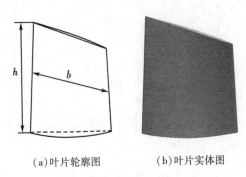

（a）叶片轮廓图   （b）叶片实体图

图 5.1   叶片展弦比参数示意图

现设置展弦比 $\lambda = 0.75$，1.00，1.25，1.50，1.75，分别选取叶片定宽度和定长度两种情况来进行分析讨论，其中，λ_b 表示定宽度时叶片的展弦比，λ_h 表示定长度时叶片的展弦比。

在叶片定宽度的条件下，根据已设定的展弦比，得到了叶片几何参数的具体数据，如表 5.1 所示。

表 5.1   定宽度时叶片展弦比的设计

名称	1	2	3	4	5
h /mm	42.75	57.00	71.25	85.50	99.75
b /mm	57.00	57.00	57.00	57.00	57.00
λ_b	0.75	1.00	1.25	1.50	1.75

同样，在叶片定长度的条件下，得到了表 5.2 所示数据。

表 5.2   定长度时叶片展弦比的设计

名称	1	2	3	4	5
h /mm	71.25	71.25	71.25	71.25	71.25
b /mm	95.00	71.25	57.00	47.50	40.70
λ_h	0.75	1.00	1.25	1.50	1.75

5.1.2   叶片的固有频率分析

5.1.2.1 有限元网格及边界条件

将已建好的不同展弦比叶片结构的三维几何模型，通过软件接口导入到 ANSYS 软件中。选用 Solid185 单元，设置网格密度为 0.001 m，采用扫掠技术（sweep method）进行网格划分，划分后得到叶片的有限元模型，如图 5.2 所示。

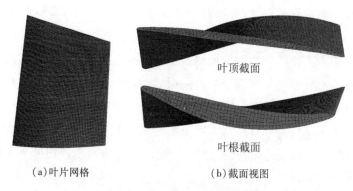

叶顶截面

叶根截面

（a）叶片网格　　　　　　　（b）截面视图

图 5.2　叶片结构的有限元模型

对于边界条件和载荷的处理，设置叶根截面为固定边界，载荷为旋转离心力，工作转速为 11383 r/min，材料为钛合金 TALL，$\rho = 4370$ kg/m³，$E = 1.13 \times 10^{11}$ Pa，$\mu = 0.3$。

5.1.2.2　各展弦比叶片固有频率的求解

根据已建立的不同展弦比下叶盘系统的有限元模型，考虑旋转离心力的影响，利用 ANSYS 软件求解了叶片在工作转速下的固有频率及振型。由于各展弦比叶片具有相似的振动规律，故这里仅以展弦比 $\lambda_b = \lambda_h = 1.25$ 为例来展示叶片的固有频率和振型，具体如表 5.3 和图 5.3 所示。

表 5.3　展弦比 $\lambda_b = \lambda_h = 1.25$ 时叶片的固有频率及振型描述

阶次	固有频率/Hz	振型描述
1	1166.6	一阶弯曲振动
2	2588.7	一阶扭转振动
3	3974.0	二阶弯曲为主导的弯扭耦合振动
4	5540.3	二阶扭转为主导的弯扭耦合振动

展弦比 $\lambda_b = \lambda_h = 1.25$ 时，叶片的振型图如图 5.3 所示。

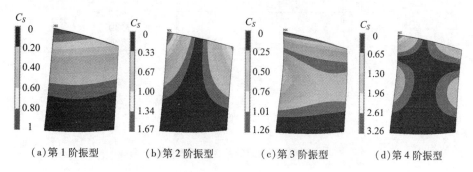

（a）第 1 阶振型　　　（b）第 2 阶振型　　　（c）第 3 阶振型　　　（d）第 4 阶振型

图 5.3　叶片的振型图

通过叶片的固有频率及对应的振型图可知，展弦比为 1.25 时，叶片的第 1 阶振型为一阶弯曲振动；叶片的第 2 阶振型为一阶扭转振动；叶片的第 3 阶振型为二阶弯曲为主导的弯扭耦合振动；叶片的第 4 阶振型为二阶扭转为主导的弯扭耦合振动。叶片初始时表现为弯曲振动，随后出现扭转振动。随着固有频率的逐渐升高，振动形式先后转化为以二阶弯曲和二阶扭转为主导的弯扭耦合振动。由于本书研究的叶片结构为叶身扭转的变截面叶片，对于阶次较高的振型，很少出现纯弯曲或纯扭转的振型，往往是以弯曲为主或扭曲为主的复合振型，这里就不一一列出。

5.1.3　叶片不同展弦比下振动特性的讨论

对不同展弦比叶片的有限元模型，考虑旋转离心力的影响，分别进行模态分析，获得了各展弦比叶片在工作转速下的固有频率，得出定宽度时叶片的固有频率及振型和定长度时叶片的固有频率及振型。

5.1.3.1　定宽度时不同展弦比振动特性分析

定宽度时，不同展弦比叶片的前 4 阶固有频率如表 5.4 所示。根据表 5.4 的数据绘制了定宽度时不同展弦比下叶片固有频率的变化曲线，如图 5.4 所示。

表 5.4　　　　　　　　　　定宽度时叶片的固有频率　　　　　　　　　　Hz

阶次	$\lambda_b = 0.75$	$\lambda_b = 1.00$	$\lambda_b = 1.25$	$\lambda_b = 1.50$	$\lambda_b = 1.75$
1	2823.3	1710.6	1163.6	866.14	695.44
2	4810	3378.2	2575	2061.6	1712.9
3	10150	6751.4	4498.6	3130.6	2290.5
4	11281	8791.6	6466.4	4891.2	3836.1

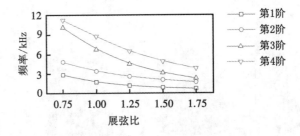

图 5.4　不同展弦比对叶片固有频率的影响曲线

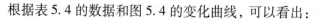

根据表5.4的数据和图5.4的变化曲线，可以看出：

① 随着展弦比 λ_b 值的不断增加，叶片各阶固有振动频率均有一定幅度的降低；

② 展弦比 λ_b 值的越大，叶片各阶固有振动频率随展弦比 λ_b 的变化越平缓；

③ 叶片固有频率的阶次越高，其受展弦比 λ_b 的影响越敏感。

经分析可知：在定宽度的情况下，随着展弦比 λ_b 值的增加，叶片长度方向不断变长，使得叶片的弯曲和扭转刚度逐渐减小，故各阶频率出现了一定幅度的降低。同时，在小展弦比区域，叶片的固有振动频率受展弦比影响较大，展弦比区域明显，且叶片固有频率的阶次越高，其受展弦比的影响越敏感。

5.1.3.2 定长度时不同展弦比振动特性分析

定长度时，不同展弦比叶片的前4阶固有频率如表5.5所示。根据表5.5的数据，绘制定长度时不同展弦比下叶片固有频率的变化曲线，如图5.5所示。

表5.5　　　　　　　定长度时叶片的固有频率　　　　　　　Hz

阶次	$\lambda_h = 0.75$	$\lambda_h = 1.00$	$\lambda_h = 1.25$	$\lambda_h = 1.50$	$\lambda_h = 1.75$
1	1322.6	1254.8	1163.6	1117.4	1092.3
2	2264	2458.7	2575	2897.5	3287.4
3	3800.1	4464.3	4498.6	4515.6	4509.7
4	4253.1	5716.7	6466.4	6624.9	6069.4

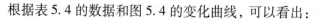

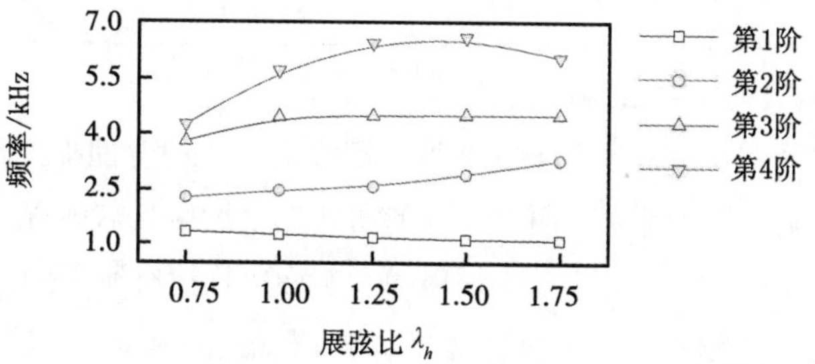

图5.5　不同展弦比对叶片固有频率的影响曲线

根据表5.5的数据和图5.5的变化曲线，可以看出：

① 随着展弦比 λ_h 值的不断增加，叶片的弯曲振动频率(第1阶频率)有一定幅度的下降，而叶片的扭曲振动频率(第2阶频率)却出现了一定幅度的上升。

② 对于叶片的弯扭耦合振动频率(第3阶频率和第4阶频率)，随着展弦

比 λ_h 值的增加，在小展弦比区域叶片的固有振动频率逐渐上升，而在大展弦比区域叶片的固有振动频率却存在一定幅度的下降。

③ 相比弯曲振动频率，叶片的扭曲振动频率随着展弦比 λ_h 的变化更为明显。

经分析可知：在定长度的情况下，随着展弦比 λ_h 的增加，叶片宽度方向不断变窄，使得叶片的弯曲刚度逐渐减小，而叶片的扭转刚度却逐渐增加，故叶片的弯曲振动频率有一定幅度的下降，而扭转振动频率却出现了一定幅度的上升。对于弯扭耦合振动情况，由于在小展弦比区域叶片形状宽而短，叶片的振动主要表现为扭转振动，故振动频率随着展弦比 λ_h 值的增加而上升；在大展弦比区域，叶片形状长而窄，叶片的振动主要表现为弯曲振动，故振动频率随着展弦比 λ_h 值的增加而降低。展弦比的变化主要影响叶片的宽窄方向，故叶片的扭曲振动频率随着展弦比 λ_h 的变化更明显。

5.1.4 叶片不同展弦比下振动特性结论

根据以上对展弦比在定长度和定宽度两种情况的分析，得到了不同展弦比下叶片固有振动频率的变化趋势以振型描述，具体如表 5.6 所示。

表 5.6　　　　　不同展弦比下叶片固有振动频率的变化趋势

阶次	定宽度叶片	定长度叶片	振型描述
1	↘	↘	一阶弯曲振动
2	↘	↗	一阶扭转振动
3	↘	↗↘	弯扭耦合振动
4	↘	↗↘	弯扭耦合振动

注："↗"代表上升，"↘"代表下降。

从整体来看，叶片展弦比 λ 的增加，降低了叶片的弯曲振动频率，增大了系统发生弯曲振动的可能性，而对叶片的扭转振动影响比较复杂。在定宽度和定长度两种情况下，展弦比对系统频率的影响变化规律有所不同，主要表现为：

① 定宽度时，随着叶片展弦比 λ_h 值的不断增加，叶片各阶固有振动频率均有一定幅度的降低；且在小展弦比区域，叶片的固有振动频率受展弦比影响较大，展弦比区域明显，且叶片固有频率的阶次越高，其受展弦比的影响越敏感。

② 定长度时，叶片的弯曲振动频率会随着叶片展弦比 λ_h 值的不断增加而逐渐下降，但叶片的扭转振动频率存在一定幅度的上升。对于叶片的弯扭耦合振动，在小展弦比区域叶片的振动主要表现为扭转振动，振动频率随着展弦比 λ_h 值的增加而上升；在大展弦比区域，叶片的振动主要表现为弯曲振动，振动

频率随着展弦比 λ_h 值的增加而降低。

③ 相比弯曲振动频率，叶片的扭曲振动频率随着展弦比 λ_h 的变化更明显。

5.2　不同展弦比下扭曲叶片叶盘系统的动频影响分析

5.2.1　扭曲叶片的设计与建模

为了讨论不同展弦比下叶盘系统的振动特性，需要建立不同叶片展弦比下叶盘系统的模型。叶片展弦比即叶片的长度与弦长之比。展弦比代表了叶片的相对长度或相对宽度，是影响叶盘系统振动特征的重要几何参数之一。

令扭曲叶片的长度为 h，弦长为 b，则叶片的展弦比 λ 可表示为 h/b，即 $\lambda = h/b$。扭曲叶片模型如图 5.6 所示。

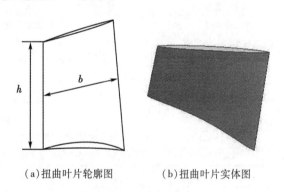

(a)扭曲叶片轮廓图　　　　(b)扭曲叶片实体图

图 5.6　扭曲叶片模型图

现设置展弦比 $\lambda = 1.50$，1.75，2.00，2.25，2.50，分别选取叶片定宽度和定长度两种情况来进行分析讨论。

在叶片定宽度的条件下，根据已设定的展弦比，得到了叶片的具体数据，如表 5.7 所示。

表 5.7　　　　　　　　　　定宽度时叶片展弦比的设计

名称	1	2	3	4	5
长/mm	67.50	78.75	90.00	101.25	112.50
宽/mm	45.00	45.00	45.00	45.00	45.00
展弦比	1.50	1.75	2.00	2.25	2.50

同样,在叶片定长度的条件下,得到了表5.8所示数据。

表5.8 定长度时叶片展弦比的设计

名称	1	2	3	4	5
长/mm	90.00	90.00	90.00	90.00	90.00
宽/mm	60.00	51.43	45.00	40.00	36.00
展弦比	1.50	1.75	2.00	2.25	2.50

根据表5.7和表5.8的数据,采用SolidWorks软件建立了不同展弦比下扭曲和直叶片叶盘系统的三维几何模型,之后把已建好的模型导入ANSYS软件,建立系统的有限元模型。考虑旋转离心力的影响,利用ANSYS软件对其进行了动频分析,求解了系统的前150阶固有频率。扭曲叶片展弦比 $\lambda = 2.00$ 时叶盘系统的固有频率及振型描述如表5.9所示,扭曲叶片展弦比 $\lambda = 2.00$ 时叶盘系统的振型图如图5.7所示。

表5.9 扭曲叶片叶盘系统的固有频率及振型描述

阶次	固有频率/Hz	振型描述
1	95.93	叶片和轮盘径向膨胀
2~38	665.78~666.98	叶片一阶弯曲振动
39	684.39	叶片0节径一阶弯曲振动
40	1610	轮盘0节径振动,叶片0节径一阶弯曲振动
41~78	1890~1901	叶片扭曲振动
79~116	2115~2140	叶片弯扭耦合振动
117~120	2343~3212	叶片和轮盘1节径振动,叶片二阶弯曲
121~122	3446~3446	叶片和轮盘2节径振动,叶片二阶弯曲

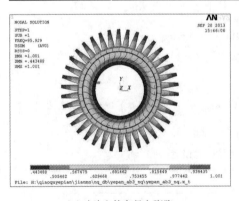

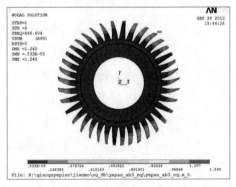

(a)叶片和轮盘径向膨胀   (b)叶片一阶弯曲振动

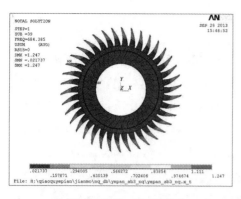

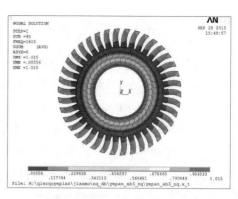

（c）叶片 0 节径一阶弯曲振动　　　　　（d）轮盘 0 节径振动，叶片 0 节径一阶弯曲振动

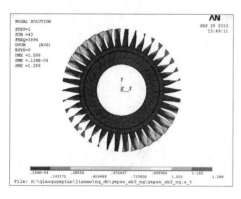

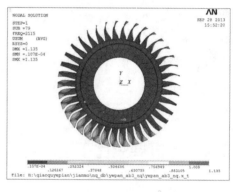

（e）叶片扭曲振动　　　　　　　　　　　（f）叶片弯扭耦合振动

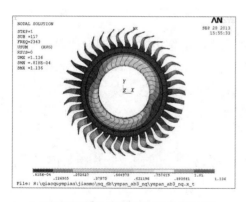

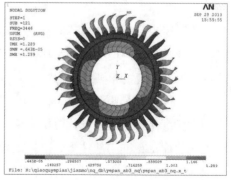

（g）叶片和轮盘 1 节径振动，叶片二阶弯曲　　　（h）叶片和轮盘 2 节径振动，叶片二阶弯曲

图 5.7　展弦比 λ =2.00 时扭曲叶片叶盘系统的振型图

5.2.2 扭曲叶片的叶盘系统动频分析

图 5.7 列出来扭曲叶片叶盘系统典型振型图, 可以看出叶盘系统振动是有规律的, 结合表 5.9 可知: 第 1 阶振型表现为叶片和轮盘径向膨胀; 第 2~38 阶振型表现为叶片一阶弯曲振动; 第 39 阶振型表现为叶片 0 节径一阶弯曲振动; 第 40 振型表现为轮盘 0 节径振动, 叶片 0 节径一阶弯曲振动; 第 41~78 阶振型表现为叶片扭曲振动; 第 79~116 阶振型表现为叶片弯扭耦合振动; 第 117~120 阶振型表现为叶片和轮盘 1 节径振动, 叶片二阶弯曲; 第 121~122 阶振型表现为叶片和轮盘 2 节径振动, 叶片二阶弯曲振动。

前 150 阶的振型具有一定的规律, 同一振型的固有频率相近, 存在着一个频率区间, 该区间主要表现为振型一致、频率相近; 由于叶盘系统上安装多个扭曲叶片, 同一固有频率区间振型的差别是叶片振动的不规则性, 如叶盘系统在该振动频率区间长时间工作, 将促使叶片不规则振动, 导致叶片疲劳损伤从而发生事故。

5.3 不同展弦比下直叶片叶盘系统的动频影响分析

5.3.1 直叶片的设计与建模

为了讨论不同展弦比下叶盘系统的振动特性, 需要建立不同叶片展弦比下直叶片叶盘系统的模型。展弦比代表了叶片的相对长度或相对宽度, 是影响叶盘系统振动特征的重要几何参数之一。直叶片模型如图 5.8 所示。

同样设置展弦比 λ =1.50, 1.75, 2.00, 2.25, 2.50, 分别选取直叶片定宽度和定长度两种情况来进行分析讨论。

在叶片定宽度的条件下, 根据已设定的展弦比, 得到了叶片的具体数据, 如表 5.7 和表 5.8 所示。

表 5.7 和表 5.8 的数据, 采用 SolidWorks 软件建立了不同展弦比下直叶片叶盘系统三维几何模型, 把已建好的模型导入 ANSYS 软件, 建立系统的有限元模型。

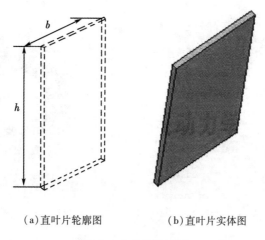

　　(a)直叶片轮廓图　　　　　　　(b)直叶片实体图

图 5.8 直叶片模型图

5.3.2　直叶片的叶盘系统动频分析

　　对于边界条件和载荷的处理,将叶盘与轮毂连接处的所有节点转换到柱坐标系下,约束其径向和轴向自由度,留出周向的旋转自由度不进行约束,载荷为旋转离心力,工作转速为 1188.3 r/s。利用 ANSYS 软件对其进行动频分析,求解系统的前 150 阶固有频率。直叶片展弦比 $\lambda = 2.00$ 时叶盘系统的固有频率及振型描述如表 5.10 所示,直叶片展弦比 $\lambda = 2.00$ 时的叶盘系统的振型图如图 5.9 所示。

表 5.10　　　　　　　　　直叶片叶盘系统的固有频率及振型描述

阶次	固有频率/Hz	振型描述
1	101.66	叶片和轮盘径向膨胀
2~38	612.53~616.49	叶片一阶弯曲振动
39	636.40	叶片 0 节径一阶弯曲振动
40~77	1313~1319	叶片扭曲振动
78	1512	轮盘 0 节径振动
79~80	2153	叶片和轮盘 1 节径振动,叶片一阶弯曲
81~82	2791	叶片和轮盘 1 节径振动,叶片一、二阶混合弯曲
83~84	2893~2895	叶片 2 节径振动,叶片一阶弯曲
85~120	2936~2979	叶片二阶弯曲振动
121~122	3052~3054	叶片和轮盘 2 节径振动
123~124	3244~3246	叶片 3 节径振动

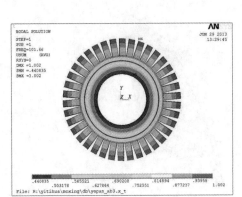

（a）叶片和轮盘径向膨胀

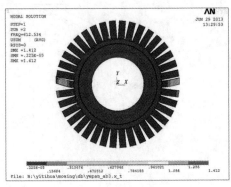

（b）叶片一阶弯曲振动

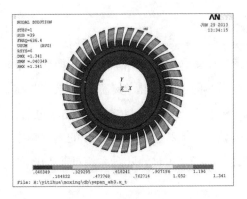

（c）叶片 0 节径一阶弯曲振动

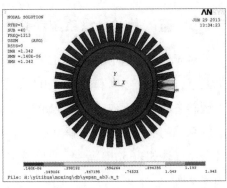

（d）叶片扭曲振动

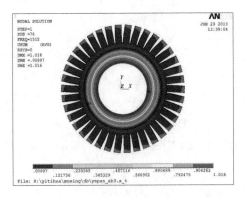

（e）轮盘 0 节径振动

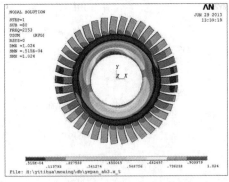

（f）叶片和轮盘 1 节径振动

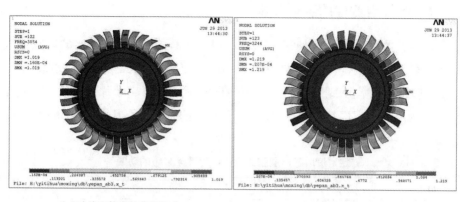

(g)叶片和轮盘 2 节径振动　　　　　　(h)叶片 3 节径振动

图 5.9　展弦比 λ = 2.00 时直叶片叶盘系统的振型图

图 5.9 列出来扭曲叶片叶盘系统典型振型图，可以看出叶盘系统振动是有规律的，结合表 5.10 可知：第 1 阶动频为 101.66 Hz，振型为叶片和轮盘径向膨胀。第 2~38 阶动频为 612.53~616.49 Hz，振型为叶片一阶弯曲振动。第 39 阶动频为 636.40 Hz，振型为叶片 0 节径一阶弯曲振动。第 40~77 阶动频为 1313~1319 Hz，振型为叶片扭曲振动。78 阶动频为 1512 Hz，振型为轮盘 0 节径振动。第 79~80 阶动频为 2153 Hz，振型为叶片和轮盘 1 节径振动，叶片一阶弯曲。第 81~82 阶动频为 2791 Hz，振型为叶片和轮盘 1 节径振动，叶片一、二阶混合弯曲。第 83~84 阶动频为 2893~2895 Hz，振型为叶片 2 节径振动，叶片一阶弯曲。第 85~120 阶动频为 2936~2979 Hz，振型为叶片二阶弯曲振动。第 121~122 阶动频为 3052~3054 Hz，振型为叶片和轮盘 2 节径振动。第 123~124 阶动频为 3244~3246 Hz，振型为叶片 3 节径振动。

5.4　扭曲叶片和直叶片叶盘系统展弦比对二者动频影响分析

上述分析得到了扭曲叶片和直叶片不同展弦比下叶盘系统的动频，现针对扭曲叶片和直叶片的叶盘系统模型，分析定宽度和定长度两种情况下展弦比对系统动频的影响变化规律。在定宽度和定长度情况下，对展弦比 λ = 1.5，1.75，2.0，2.25，2.5 的扭曲叶片和直叶片进行动频分析，得出相应结论。

5.4.1 叶片定宽度的影响分析

叶片定宽度情况下，扭曲叶片和直叶片叶盘系统不同展弦比的动频如表5.11 和表 5.12 所示。由于叶盘系统是轴对称结构，且具有的叶片数较多，相似振动形态的频率值都比较接近，如第 41 阶到第 78 阶直叶片的动频只相差几十 Hz。为了便于观察其变化规律，频率值相近的阶次仅取其中的一组来代表说明。

表 5.11   定宽度时不同展弦比扭曲叶片叶盘系统的动频   Hz

阶次	$\lambda = 1.50$	$\lambda = 1.75$	$\lambda = 2.00$	$\lambda = 2.25$	$\lambda = 2.50$
1	90.23	94.77	95.93	97.31	98.41
2~38	974.9~977.5	785.8~787.5	665.8~666.9	581.1~581.9	523.2~523.8
39	996.25	805.33	684.39	599.04	540.81
40	1611	1599	1610	1581.6	1397
41~78	2329~2699	2210~2228	1890~1901	1595~1622	1397~1560
79~116	2699~3326	2332~2599	2115~2140	1770~1777	1560~1624
117~120	3326~3492	2599~3361	2343~3212	2314~2955	2286~2681
121~122	3600~3600	3554~3554	3446~3446	3113~3113	2695~2695

表 5.12   定宽度时不同展弦比直叶片叶盘系统的动频   Hz

阶次	$\lambda = 1.50$	$\lambda = 1.75$	$\lambda = 2.00$	$\lambda = 2.25$	$\lambda = 2.50$
1	99.19	100.35	101.66	103.14	104.40
2~38	814.8~820.4	693.1~698.0	612.5~616.5	554.6~558.1	510.9~513.7
39	839.86	717.73	636.40	578.26	534.58
40	1516	1501	1314	1170	1057
41~78	1762~1769	1501~1513	1314~1512	1170~1513	1058~1510
79~116	2175~4303	2167~3504	2153~2968	2116~2579	2009~2287
117~120	4303~4307	3505~3506	2968~2979	2580~2590	2287~2300
121~122	4308~4311	3507~3508	3052~3054	2634~2635	2324~2326

根据表 5.11 和表 5.12，在定宽度时不同展弦比下扭曲叶片和直板叶盘系统的动频中，提取第 1 阶、第 39 阶、第 77 阶、第 84 阶和第 120 阶的数据，见表 5.13 和表 5.14 所示。

表 5.13　扭曲叶片叶盘系统定宽度时不同展弦比下典型阶次的动频　　　　　　　　Hz

展弦比/阶次	1	39	77	84	120
1.5	90.23	996.25	2699.2	3252.9	3491.7
1.75	94.77	805.33	2228.1	2582.7	3361.2
2	95.93	684.39	1901.4	2131.7	3211.5
2.25	97.31	599.04	1605	1773.7	2954.9
2.5	98.41	540.81	1407.2	1561.5	2680.5

表 5.14　直叶片叶盘系统定宽度时不同展弦比下典型阶次的动频　　　　　　　　　Hz

展弦比/阶次	1	39	77	84	120
1.5	99.19	839.86	1769	3341	4307
1.75	100.35	717.73	1508	3239	3506
2	101.66	636.4	1319	2895	2979
2.25	103.14	578.26	1176	2520	2590
2.5	104.4	534.58	1062	2250	2300

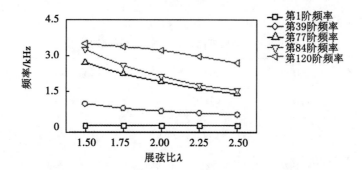

图 5.10　定宽度时不同展弦比对扭曲叶片叶盘系统动频影响的曲线

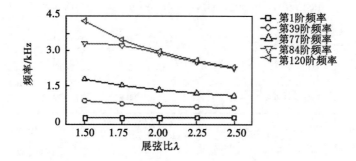

图 5.11　定宽度时不同展弦比对直叶片叶盘系统动频影响的曲线

根据表 5.13 和表 5.14 的数据，绘制图 5.10 和图 5.11 所示曲线。在定宽度的情况下，可以得出以下结论。

① 展弦比对扭曲叶片和直叶片叶盘系统动频的影响曲线走势相同。

② 扭曲叶片叶盘系统由于叶片扭曲的存在，相对直叶片振动特性更加复杂，使得其在展弦比对动频的影响曲线上有变化，但这并不影响展弦比对二者动频影响规律的一致性。

③ 随着叶片展弦比的不断增加，除第 1 阶频率外，叶盘系统的各阶频率均有大幅度降低；展弦比越大，叶盘系统各阶频率随展弦比变化越平缓；叶盘系统固有频率的阶次越低，其受展弦比影响的变化曲线越平缓。

5.4.2　叶片定长度的影响分析

叶片定长度情况下，扭曲叶片和直叶片叶盘系统不同展弦比的动频如表 5.15 和表 5.16 所示。频率值相近的阶次仅取其中的一组来代表说明。根据表 5.15 和表 5.16 可知，在定长度时不同展弦比下扭曲叶片和直叶片的叶盘系统动频中，提取第 1 阶、第 39 阶、第 77 阶、第 84 阶和第 120 阶的数据，见表 5.17 和表 5.18 所示。

表 5.15　　　　　定长度时不同展弦比扭曲叶片叶盘系统的动频　　　　　　Hz

阶次	$\lambda = 1.50$	$\lambda = 1.75$	$\lambda = 2.00$	$\lambda = 2.25$	$\lambda = 2.50$
1	96.81	96.84	95.93	95.21	95.04
2~38	635.2~636.6	649.2~650.4	665.8~666.9	668.5~669.6	669.5~670.4
39	657.05	669.56	684.39	685.85	685.86
40	1596	1634	1610	1621	1623
41~78	1651~1659	1724~1729	1890~1901	1931~1949	1976~1999
79~116	1918~1941	1997~2022	2115~2140	2148~2161	2237~2244
117~120	2312~3131	2362~3194	2343~3212	2352~3200	2386~3161
121~122	3348~3348	3441~3441	3446~3446	3422~3422	3397~3397

表 5.16　　　　定长度时不同展弦比直叶片叶盘系统的动频　　　　　Hz

阶次	$\lambda = 1.50$	$\lambda = 1.75$	$\lambda = 2.00$	$\lambda = 2.25$	$\lambda = 2.50$
1	103.51	102.52	101.66	101.14	100.63
2~38	611.6~616.5	612.7~615.9	612.5~616.5	613.4~616.4	612.1~616.1
39	640.82	638.58	636.40	634.69	632.64
40	1087	1202	1314	1426	1515
41~78	1087~1512	1204~1513	1314~1512	1427~1512	1535~1542
79~116	2142~2956	2150~2965	2153~2968	2154~2967	2156~2965
117~120	2956~2971	2965~2993	2968~2979	2967~2969	2965~2966
121~122	3085~3088	3093~3094	3052~3054	3001~3002	2967~2968

表 5.17　扭曲叶片叶盘系统定长度时不同展弦比下典型阶次的动频　　　Hz

展弦比/阶次	1	39	77	84	120
1.5	96.81	657.05	1656.7	1931.2	3130.8
1.75	96.84	669.56	1729.1	2011.6	3193.7
2	95.93	684.39	1901.4	2131.7	3211.5
2.25	95.21	685.85	1949.3	2156.8	3200.3
2.5	95.04	685.86	1999	2241.6	3160.7

表 5.18　直叶片叶盘系统定长度时不同展弦比下典型阶次的动频　　　　Hz

展弦比/阶次	1	39	77	84	120
1.5	103.51	640.82	1094	2854	2971
1.75	102.52	638.58	1208	2892	2993
2	101.66	636.4	1319	2895	2979
2.25	101.14	634.69	1430	2878	2969
2.5	100.63	632.64	1540	2804	2966

根据表 5.17 和表 5.18 的数据，绘制了图 5.12 和图 5.13 所示曲线。

根据图 5.12 和图 5.13 的曲线，在定长度的情况下，可以得出以下结论：

① 展弦比对扭曲叶片和直叶片叶盘系统动频的影响曲线走势相同。

② 随着叶片展弦比不断增加，扭曲叶片叶盘系统由于叶片弯扭耦合振动的存在，第 77 阶、第 84 阶附近频率存在较大幅度上升，而直叶片叶盘系统其弯扭耦合振动并未体现出来，故仅第 77 阶扭曲振动频率附近出现较大幅度上升。

③ 随着叶片展弦比不断增加，叶盘系统含有叶片扭曲振动的各阶频率曲线

均有较大幅度的上升，其他各阶频率曲线无明显变化，这表明了展弦比对叶片的扭曲振动频率影响比较敏感，会随着展弦比的不断增加而升高，而其他各阶频率受展弦比的影响变化较小。

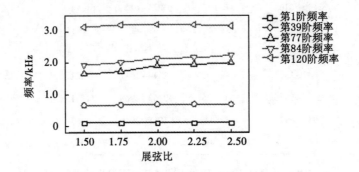

图 5.12　定长度时不同展弦比对扭曲叶片叶盘系统动频影响的曲线

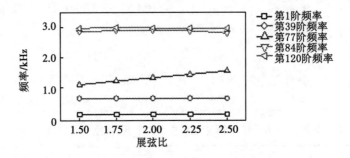

图 5.13　定长度时不同展弦比对直叶片叶盘系统动频影响的曲线

5.5　本章小结

本章以燃气轮机叶盘系统为研究对象，建立了不同展弦比下的叶片结构模型，对叶片的固有频率求解分析，探讨叶片展弦比对叶盘系统固有振动特性的影响。在此基础上，建立叶盘系统模型，对扭曲叶片和直叶片对应的叶盘系统进行动频分析，讨论了扭曲叶片和直叶片在不同展弦比下对叶盘系统动频影响的变化规律。

当叶片定宽度时，随着叶片展弦比值的不断增加，叶片各阶固有振动频率均有一定幅度的降低；且在小展弦比区域，叶片的固有振动频率受展弦比影响较大展弦比区域明显，且叶片固有频率的阶次越高，其受展弦比的影响越敏感。定长度时，叶片的弯曲振动频率会随着叶片展弦比值的不断增加而逐渐下降，但叶片的扭转振动频率存在一定幅度的上升。对于叶片的弯扭耦合振动，在小展弦比区域叶片的振动主要表现为扭转振动，振动频率随着展弦比值的增加而上升；在大展弦比区域，叶片的振动主要表现为弯曲振动，振动频率随着展弦比值的增加而降低。同时，相比弯曲振动频率，叶片的扭曲振动频率随着展弦比的变化更明显。

对于扭曲叶片和直叶片的叶盘系统，展弦比对系统动频的影响变化规律是相同的；相对于直叶片叶盘系统，扭曲叶片叶盘系统由于叶片扭曲的存在，振动特性更加复杂，使得二者在展弦比对动频的影响曲线上存在差异，但这并不影响整体变化规律的一致性。定宽度时，叶片展弦比对系统低阶频率的影响较小，高阶频率的影响较大，展弦比的增加使得叶盘系统的各阶频率均降低；而定长度时，展弦比对叶片扭曲频率的影响比较敏感，会随着展弦比的增加而升高，其他各阶频率变化幅度较小。

第6章　失谐叶盘系统叶片排序优化研究

　　叶盘结构是旋转机械，特别是燃气轮机和汽轮发电机组的核心部件之一，其工作的可靠性直接影响着燃气轮机和汽轮发电机组的运行安全。在设备工作中，叶盘结构所处的环境非常恶劣，同时，随着燃气轮机设计日益向高转速和高推重比的趋势发展，叶片和轮盘变得越来越轻薄；汽轮机向着大容量、高参数的趋势发展，对叶盘的安全性要求越来越高。因此，叶盘结构的耦合振动便成为核心问题之一，振动故障主要是由振动能量分布不合理导致的。通常情况下，发动机的叶盘系统结构被设计为循环周期结构，但由于制造误差、材料质量不均匀等因素影响，造成实际叶片间有细小差别，这种叶盘被称为失谐叶盘。失谐破坏了叶盘的周期对称性，从而引起叶盘结构的模态局部化和振动局部化，因此，减小失谐造成的振动局部化十分重要。

　　本章根据第4章叶盘系统叶片质量变化导致叶盘系统的失谐，主要考虑通过改变叶片排序来减小振动的方法，提出失谐叶盘系统振动测试试验方法，进而在考虑一组既定失谐量情况下，对不同叶片排布的失谐叶盘系统进行响应测试，为排序优化分析提供数据样本。提出基于迭代响应面与离散遗传粒子群优化算法联合的失谐叶片排序优化方法，获得最优的叶片排序方案。

6.1　失谐振动测试样本试验设计

6.1.1　试验装置

　　本章试验装置主要根据第4章中试验装置，在轮盘外侧铆接若干叶片，每个叶片均设置了滑槽和配重，由此模拟失谐叶盘系统振动，其振动特性试验测量装置如图6.1所示。试验测量装置主要由失谐叶盘、信号发生器、功率放大器、激振器、示波器等组成，其设备主要特征参数如表6.1所示。失谐叶盘由轮盘和18个失谐叶片组成，轮盘为外径500 mm、内径50 mm、厚度10 mm、外缘10 mm处厚度为14 mm的轴对称圆盘结构；每个失谐叶片长162 mm、宽18 mm、厚6 mm，距离失谐叶片根部50~130 mm处开有6 mm宽的通槽，通槽上安装不同质量的配重，通过不同质量配重的质量大小和位置的变化控制失谐量变化，18个失谐叶片采用双铆钉均匀地固定于轮盘边缘，安装边缘宽度为10 mm，失谐叶盘通过轮盘内孔固定在支架上。激振器采用顶针式激振方式在失谐叶盘下面的外缘进行激振，拾振器采用非接触方式安装，安装间隙为5 mm，用于测量轮盘的振动频率。采用激光测振仪测量失谐叶片振动数据，测量不同工况下各叶片的轴向、径向振动数值。

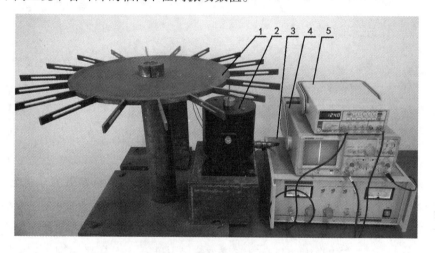

图6.1　失谐叶盘系统振动特性试验测量装置

1—失谐叶盘；2—激振器；3—信号发生器；4—示波器；5—功率放大器

表6.1 　　　　　　　　　　　试验装置主要特征参数

设备名称	型号	尺寸(长×宽×高)	使用范围/kHz	主要特点
信号发生器	SFG-1023	251 mm×291 mm×91 mm	0~3000	三种输出波形，5 W功率输出可调
功率放大器	GF200-4	440 mm×370 mm×160 mm	0~10	具有信号削波、过流、过温保护指示
激振器	JZQ20	190 mm×190 mm×175 mm	0~2	最大激振力10 kg，激励振幅±5 mm
拾振器	电磁线圈	80 mm×80 mm×60 mm	0~2	功率200 W，采用非接触式安装
示波器	GOS-620	310 mm×455 mm×150 mm	0~20000	双通道、ALT触发，高感度、频宽20 MHz
激光测振仪	PDV100	300 mm×63 mm×129 mm	0~22	非接触式测振及数据存储，精度±1%

信号发生器的输出功率端经功率放大器的放大处理，通过激振器对失谐叶盘进行激振，信号发生器的输出功率可调，从而控制失谐叶盘激振频率的大小。激振器以不同频率激发失谐叶盘振动，激振力由作用点向四周传播，当激振力频率等于模拟叶轮各阶自振频率时，两波在激振点对径处相遇，两波相位相同，各自再继续传播，使各处振幅相互叠加，出现最大振幅处和振幅为零处，振幅为零处即形成节径（线）或者节圆。在失谐叶盘的轮盘上撒满直径为 100 目的磁粉，当失谐叶盘被激振器激振过程中，随着频率的改变，失谐叶盘上将出现规律的节径线或者节圆线，当失谐叶盘处于失谐状态下，失谐叶盘上将出现振动局部化振型。失谐叶片的振动量通过激光测振仪进行测量及数据存储，失谐叶盘振动波形通过示波器显示。

6.1.2 叶片失谐量测定

叶片失谐量可以通过改变失谐叶片滑槽上配重物的质量和位置来调节，本书利用试验测量叶片失谐量下刚度大小的方法确定其失谐量变化规律。刚度是指材料或结构在受力时抵抗弹性变形的能力，是材料或结构弹性变形难易程度的表征，在宏观弹性范围内，刚度是零件荷载与位移成正比的比例系数，即引起单位位移所需的力。

对失谐叶片进行刚度测量，试验装置如图 6.2 所示。试验装置主要包括：位移测量软件、叶片固定支架、失谐叶片、失谐叶片尺寸标尺、失谐配重、位移传感器、传感器支架、位移信号处理器、支撑台面等。失谐叶片左端固定在叶片固定支架上，右边自由的悬臂梁支撑方式，失谐叶片上从根部到顶部贴有质量可以忽略不计的刻度标尺，失谐叶片的滑槽上装有 5.4 g 的配重，该配重可以在距离失谐叶片根部 50~130 mm 处滑动。在距离失谐叶片顶端 20 mm 处装有电涡流位移传感器，失谐叶片静位移变化可通过电涡流位移传感器和位移测量软件测出。试验过程中，改变配重的位置，以 5 mm 为一个变化位置，在失谐叶片右端上方 100 mm 处，将重 5 g 的小钢球以自由落体的方式施加载荷于失谐叶片上。根据配重不同位置对应的位移不同，经分析处理得出：随着配重在失谐叶片上位置的改变，从叶片根部到叶片顶部，叶片的刚度会成抛物线情况下降。

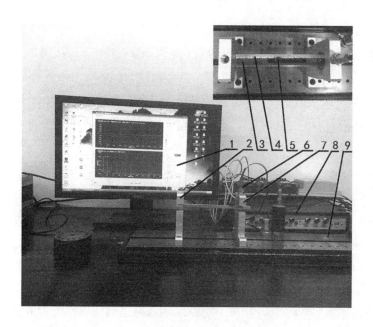

图 6.2　叶片刚度失谐测量试验装置

1—位移测量软件；2—叶片固定支架；3—失谐叶片；4—失谐叶片尺寸标尺；

5—失谐配重；6—位移传感器；7—传感器支架；8—位移信号处理器；9—支撑台面

6.1.3　样本选取试验设计方法

试验设计是以概率论和数据理论统计为理论基础，从经济性、科学性角度安排试验，使用拉丁超立方和处理多个因素与结果之间关系的一种方法。本章对于数据点选取的试验设计方法选择拉丁超立方抽样方法。

拉丁超立方抽样试验设计是在蒙特卡洛模拟技术上发展而来的，与传统的数学方法相比，蒙特卡洛模型模拟技术拥有更加新颖的思想、更加强烈的直观性，并且简便易行。从蒙特卡洛误差估计中可以看到，大多数统计量的估计值的敛散性都与 $1/\sqrt{N}$ 有关。特别地，对于均值的估计量，可以发现

$$P\left(-2\frac{\sigma_x}{\sqrt{N}} \leqslant \bar{x} - \mu_x \leqslant 2\frac{\sigma_x}{\sqrt{N}}\right) = 0.95 \tag{6.1}$$

$1/\sqrt{N}$ 是否能被改善是问题的核心。值得注意的是，蒙特卡洛方法的一个主要优点就是其敛散性依赖于独立的随机参数个数，在介绍拉丁超立方抽样（LHS）之前，首先需要了解一下分层抽样。考虑一维的单个变量输入问题：$y = f(x)$，x 是一个随机变量。分层抽样步骤为：

① 定义参与计算机运行的抽样数目 N；

② 将 x 等概率地分成若干个区域——"bin"，其中，$x_0 < x_1 < x_2 < \cdots < x_n < \cdots < x_N$，使得 $P(x_n < x < x_{n+1}) = 1/N$；

③ 样本一次落入哪一个 bin 中取决于该 bin 的概率密度 $P((x \mid x_n < x < x_{n+1})$，样本 x^n 使得 $x_n < x < x_{n+1}$。此时，均值的估计量可表示为

$$\begin{cases} \bar{y} = \dfrac{1}{N}\sum_{n=1}^{N} f(x^n) \\ S_y^2 = \dfrac{1}{N-1}\sum_{n=1}^{N}(y^n - \bar{y})^2 \end{cases} \tag{6.2}$$

分层抽样的误差估计（只考虑均值 $\bar{y}$ 的标准误差）

$$E[(\bar{y} - \mu_y)^2] = \frac{\sigma_y}{N} - \frac{1}{N^2}\sum_{i=1}^{N}(\mu_i - \mu_y)^2 \tag{6.3}$$

这里，μ_i 等于第 i 个 bin 中的 y 均值。等式右边第一项同蒙特卡洛方法的标准误差一样，第二项为附加项，它使方差变小。所以，较之基于随机抽样的蒙特卡洛方法，分层抽样降低了误差的方差。接下来，考虑对于有多个随机变量的输入的分层抽样即多维分层抽样。

当有多个随机变量的输入时，分层抽样需要将输入的样本空间等概率地化为 N 个区域，而这操作起来是很困难的。考虑一个二维的情形，假设 x_1，x_2 是均匀分布的（即二向同性的），则有 $N = 2 \times 2 = 4\text{bins}$。对于一般 N_b 个 bins，考虑一个 d 维输入问题，可以发现 $N = (N_b)^d$。显然，抽样数目随着每维 bins 数目的增加而迅速增加。拉丁超立方抽样就是一种多维分层抽样方法，其工作原理为：

① 定义参与计算机运行的抽样数目 N；

② 把每一次输入等概率地分成 N 列，$x_{i0} < x_{i1} < x_{i2} < \cdots < x_{in} < \cdots < x_{iN}$，同时需要满足 $P(x_n < x < x_{n+1}) = 1/N$；

③ 对每一列仅抽取一个样本，各列中样本 bin 的位置是随机的。相对于单纯的分层抽样，拉丁超立方抽样的最大优势就在于任何大小的抽样数目都能容易地产生。至于估计均值，通常的做法是

$$\bar{y} = \frac{1}{N}\sum_{n=1}^{N} f(x^n) \tag{6.4}$$

一般情况下，这种估计的标准误差不能认为对标准蒙特卡洛抽样方法的改进。但实际上，拉丁超立方抽样对均值和方差的估计和蒙特卡洛方法相比，效

果上至少是一样的，且常常会显著改善。

相对于其他的试验设计来说，拉丁超立方试验设计具有如下优点：能够人为地对试验的次数进行控制，而且甚至能够出现试验的次数小于因素的个数情况；该试验设计比正交试验设计具有更好的均匀性，它不存在试验点不能均匀分布在整个空间的现象；该试验设计不同于均匀试验设计和正交试验设计，它没有已经规范化的一套试验设计表，也就是说，它并不依赖于一些已有的试验设计表来安排试验。因此，拉丁超立方抽样试验设计具有更好的灵活性和可控性。

6.2　失谐叶片排序优化方法研究

失谐破坏了叶盘系统的循环对称性，导致叶盘系统振动能量不均匀，从而出现的不平衡振动是叶盘系统振动故障的主要因素。叶片在轮盘上的安装方案差异会引起不同的振动情况，传统的安装方法是依靠经验的手工的钳修法对零件打磨、挫修、抛光，但是这种方法修正之后可能引入新的失谐因素，因此，本书针对既定失谐叶盘系统提出一种基于迭代响应面与离散遗传粒子群优化算法联合的失谐叶片排序优化方法。

6.2.1　数据拟合-逼近分析

按照数据的类型，数据可以分为散乱数据拟合与特殊分布形式数据拟合。对于特殊分布形式拟合指具有近似特定分布形式的数据拟合，如 Hyper-Erlang 分布、NDVI 时间序列、Gamma 分布、Visual Basic 数据等；其拟合算法也具有很多形式，如可靠性算法、EM 算法、MAP 算法、Savitzky-Golay 滤波法、非对称性高斯函数拟合法等。其中，最为典型的分布为 Phase-Type 分布，通常采用数据拟合的矩估计方法与极大似然估计方法。同时，许多常见分布都是 PH 分布的子类，如指数分布、Erlang 分布、混合指数分布、混合 Erlang（Hyper-Erlang）分布等。

散乱数据是指在二、三维或多维空间中无规则的、随机分布的数据。散乱数据拟合就是找一个光滑的曲线、曲面或高维曲面来逼近或者通过这一系列无规则随机分布的数据点。当这些数据点的数目非常多时，称这个问题为大规模散乱数据的拟合。

按照数据拟合问题，可以分为插值问题和逼近问题。插值问题的解要求严格经过型值点；光顺逼近问题的解虽不要求严格经过型值点，但它要求在某种约束条件下达到一种整体逼近效果。其中，数据点集中的点的分布是随机散乱的，故称上述问题为散乱数据的插值和逼近问题。当数据点集区域的维数 $n=1$ 时问题即为曲线插值或逼近，$n=2$ 时为曲面插值或逼近问题，$n \geqslant 2$ 时，分别称为多元插值或光顺逼近问题。

本章中数据点是由试验测试得出的数值，包含噪声即存在误差。此时逼近比插值更为合理。已知区域 D 中的数据点集 $P = \{\overrightarrow{p_i} \mid i \in I\}$ 及对应的数集 $\{f_i \mid i \in I\}$（I 为指标集），如果在函数空间 H 中存在函数 f 满足某种约束条件，则上述问题称为某种条件下逼近问题，其解为逼近函数。同时，存在分片、全局两种逼近方式。分片逼近中每一个逼近点只影响其周围一个局部区域。大量数据的全局拟合需要具有相当高阶次的代数表达式，不易实现，因此常采用分片局部逼近处理数据拟合问题。相对地，全局逼近方法的特点是，逼近是基于整体逼近点的，即变动或删除一个逼近点，就会改变整个区域上的逼近曲面，即考虑少量数据可以影响全部数据点。本章逼近思路为应用较少数据点得到高维拟合曲面，由此预测符合实际意义条件下的极值点。由于全局逼近对于每一个数据点都很"敏感"，一点的变动就可以影响整个曲面，在少量数据拟合过程中可以充分考虑每个数据点的作用，因此本章采用全局逼近方法。同时，全局逼近中存在不同逼近工具模型。

6.2.1.1 无预估函数模型逼近

如果模型建立者对实际问题有着非常深刻的洞察，那么，这样建立的数学模型应当会是非常有效的，所熟知的众多数学建模的经典案例（如人口模型与传染病模型等）就是非常好的例子。但是另一方面，如果对于一个实际问题至今没有很好的认识或者缺乏了解，那么人为地去确定模型的形式与参数就会显得比较不可取。此时，转变为无预估函数模型逼近即事先不易确定其拟合函数式的形式，但要获得一个小误差的合函数式。基于上述思考，可以采用试验函数的方式逼近即使用具有拟合函数库的黑盒进行逼近。无预估计函数模型逼近流程如图 6.3 所示。

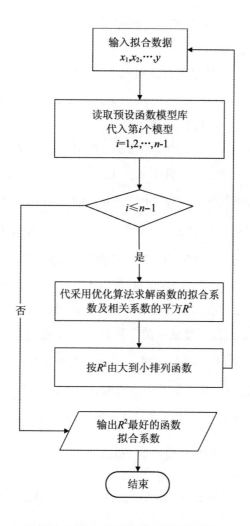

图 6.3　无预估计函数模型逼近流程图

由于上述方法需要大量的逼近函数及很长的计算时长，同时黑盒逼近方法只是形式上的无预估计函数模型，其实质仍然为已知函数库内逼近函数。

6.2.1.2　已知函数模型逼近

在针对实际问题的数学建模过程中，通常的方法是通过总结人类经长期观察和思考后获得的经验来假设模型的形式，然后设法根据实际采集到的数据来确定模型的参数，最后通过确定后的模型来预测未知。即通过数据可以看出其归属于何种曲线类型，即可以先确定所需拟合的函数模型，然后求出函数的拟合参数，以获得所需函数关系式。由于已知函数模型逼近具有简单、直接的特点，因此，本章采用已知函数模型逼近方法，同时对于可预估计函数模型其逼近方式也有所不同。

（1）线性拟合（待定基函数为线性），其模型为

$$Y = X\beta + \varepsilon, \ E(\varepsilon) = 0, \ cov(\varepsilon, \varepsilon) = \Sigma, \ 记作 (Y, X\beta, \Sigma) 。 \qquad (6.5)$$

对于线性逼近还可以依据几何标准进行分类，在科学试验和产品设计中，有一类变量 $(x_1, x_2, \cdots, x_m)$ 的变化情况仅能通过试验或观测得到的一组数据点 $(x_{1i}, x_{2i}, \cdots, x_{mi})$ 来表示，其中 $(i = 1, 2, \cdots, p)$，但它们的变化关系却是未知。通过采用隐函数空间 $b_1 x_1 + \cdots + b_m x_m + c = 0$，$b_1, \cdots, b_m$ 不全为 0，即：在 m 维空间的超平面空间中选一个超平面 $\bar{b}_1 x_1 + \cdots + \bar{b}_m x_m + \bar{c} = 0$ 来近似表示，这里 $\bar{b}_1, \cdots, \bar{b}_m, \bar{c}$ 是一些待定的参数。选择超平面的原则是要求其尽可能地从每个数据点附近通过，但是因为观测总是由于这样那样的原因存在误差，要求所选择的超平面满足这些本来就不精确的数据是没有必要的，相反，希望能使用某种手段来平滑地滤去数据中的"噪声"。通过判断剩余（残）向量 $r_i = \sqrt{(x_{1i} - x_{1i}^*)^2 + \cdots + (x_{mi} - x_{mi}^*)^2}$ 即 m 维空间中数据点 $(x_{1i}, x_{2i}, \cdots, x_{mi})$ 到超平面上点 $(x_{1i}^*, x_{2i}^*, \cdots, x_{mi}^*)$ 的几何距离的大小标准进行分类。

① $\max\limits_{1 \leqslant i \leqslant m} |r_i|$ 最小（空间数据点集的最窄超平面对数据线性拟合）；

② $\sum\limits_{i=1}^{m} |r_i|$ 最小（数据向量到超平面的距离和最小）；

③ $\sum\limits_{i=1}^{m} |r_i|^2 = r^{\mathrm{T}} r = \|r\|_i^2$ 最小，当 $m = 1 + n$，且令 $x_{ji} = x_{jx}^*$，$j = 2, 3, \cdots, n + 1$；$i = 1, 2, \cdots, p$，$x_{1x}^* = \sum\limits_{j=2} u_j \varphi_j(x_{ji}) \bar{a}_1 = 1$ 时，此时标准转化为最小二乘法（最小平方差），即

$$\sum_{i=1}^{p} |r_i|^2 = \sum_{i=1}^{p} (x_{1i} - x_{1i}^*)^2 = \sum_{i=1}^{p} \left(x_{1i} - \sum_{j=2} u_j \varphi_j(x_{ji}) \right)^2 \qquad (6.6)$$

最小。此标准是目前国内外广泛采用的数据拟合标准。同时，一些改进的标准和相适应的数据拟合方法还在不断涌现。

④ $\left(\sum\limits_{i=1}^{m} \omega_i |r_i|^p \right)^{\frac{1}{p}} (\omega_i > 0, \ p > 0)$ 最小，此时的特殊情况为 l_p 范数准则。

在动态测试数据的回归分析中，为了求得回归参数的大小，最常用的是采用最小二乘法。这是因为线性回归模型在符合 Gauss-Markov 假定的条件下，采

用最小二乘法估计其回归参数具有良好的统计性质，如无偏性、一致性等。然而，实际的动态测试数据千差万别，而且对动态测试数据进行回归分析的目的也不同，从而使得采用最小二乘法进行回归分析的结果达不到所要求的目的。例如，由于粗大误差而引起的反常数据，或数据的概率分布偏离正态分布，此时采用最小二乘法的回归分析结果，就将失去其良好的统计特性。对于这种情况的一种解决办法就是采用具有稳健性能的准则函数。在不剔除含粗大误差数据的情况下，也能得到满意的结果。常用的准则函数就是采用 l_h 范数准则，对动态测试数据进行 l_1 数据拟合。另外，在动态测试数据处理中，有时需要求得测试数据的最小残差包容区域，此时要求拟合残差的最大值为最小，这就是动态测试数据的最小最大残差回归分析。其所采用的准则函数为 l_∞ 范数准则。因此，l_p 数据拟合是现代回归分析中一个非常重要的组成部分。

当 $p \neq 2$ 时，l_p 数据拟合问题属于非线性求解问题。针对 l_1 和 l_∞ 数据拟合的算法。对于求解 l_1 数据拟合应用线性划法、等价权法、投影 Lagrange 法等；对于求解 l_∞ 数据拟合应用上升算法、线性规划法、搜索算法、投影 Lagrange 法等；对于求解 l_p 数据拟合通用算法应用 Gauss-Newton 算法、遗传算法等。

（2）非线性拟合（待定基函数为非线性）

最简单的非线性拟合是高次多项式拟合，它可以处理相当一类非线性问题，因为任意函数都可以用多项式（分段）逼近，将二元曲面与正交函数相结合建立数学模型。

首先在散乱的点集中选取 $n \times m$ 个网点 (x_i, y_j)，$i = 0, \cdots, n - 1$，$j = 0, \cdots, m - 1$，其对应的函数值为 z_{ij}。

求给定平面域上的最小二乘拟合多项式

$$f(x, y) = \sum_{i=0}^{n-1} \sum_{j=0}^{m-1} a_{ij} x^i y^i \tag{6.7}$$

固定 y，对 x 构造 m 个最小二乘拟合多项式

$$g_j\{x\} = \sum_{k=0}^{p-1} \lambda_{kj} \varphi_k(x), \quad j = 0, \cdots, m - 1 \tag{6.8}$$

其中，各 $\varphi_k(x)(k = 0, \cdots, p - 1)$ 为由以下递推公式构造的互相正交多项式

$$\begin{cases} \varphi_0(x) = 1 \\ \varphi_1(x) = x - \alpha_0 \\ \varphi_{k+1}(x) = (x - \alpha_k)\varphi_k(x) - \beta_k\varphi_{k-1}(x) \\ k = 1, \cdots, p - 1 \end{cases} \tag{6.9}$$

其中

$$\begin{cases} \alpha_k = \sum_{i=0}^{n-1} x_i\varphi_k^2(x_i)/d_k(k = 0, \cdots, p - 1) \\ \beta_k = d_k/d_{k-1}(k = 1, \cdots, p - 1) \end{cases} \tag{6.10}$$

而

$$d_k = \sum_{i=0}^{n-1} \varphi_k^2(x_i)(k = 0, \cdots, p - 1) \tag{6.11}$$

式 6.8 中 λ_{kj} 按最小拟合方法求得

$$\lambda_{kj} = \sum_{i=0}^{n-1} z_{ij}\varphi_k(x_i)/d_k, j = 0, \cdots, m - 1, k = 0, \cdots, p - 1 \tag{6.12}$$

同理,可构造 y 的最小二乘拟合多项式

$$h_k\{y\} = \sum_{l=0}^{q-1} \mu_{kj}\psi_l(y), k = 0, \cdots, p - 1 \tag{6.13}$$

其中,各 $\varphi_l(y)(l = 0, \cdots, q - 1)$ 为互相交互的多项式,并由以下递推公式构造

$$\begin{cases} \psi_0(y) = 1 \\ \psi_1(y) = y - \alpha \end{cases} \tag{6.14}$$

而

$$\varphi_{l+1}(y) = (y - \alpha'_l)\psi_l(y) - \beta'_l\psi_{l-1}(y)(l = 1, \cdots, q - 1) \tag{6.15}$$

其中

$$\begin{cases} \alpha'_l = \sum_{i=0}^{n-1} y_i\psi_l^2(y_i)/\delta_l(l = 0, \cdots, q - 1) \\ \beta'_l = \delta_l/\delta_{l-1}(l = 1, \cdots, q - 1) \end{cases} \tag{6.16}$$

而

$$\delta_l = \sum_{j=0}^{m-1} \psi_l^2(y_j)(l = 0, \cdots, q - 1) \tag{6.17}$$

其中

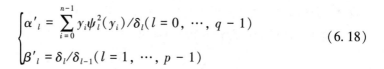

$$\begin{cases} \alpha'_l = \sum_{i=0}^{n-1} y_i \psi_l^2(y_i)/\delta_l (l = 0, \cdots, q-1) \\ \beta'_l = \delta_l/\delta_{l-1} (l = 1, \cdots, p-1) \end{cases} \tag{6.18}$$

而

$$\delta_l = \sum_{j=0}^{m-1} \psi_l^2(y_j)(l = 0, \cdots, q-1) \tag{6.19}$$

根据最小二乘法原理可得

$$\mu_{kl} = \sum_{j=0}^{m-1} \lambda_{kl} \psi_l(y_j)/\delta_l, \ l = 0, \cdots, q-1, \ k = 0, \cdots, p-1 \tag{6.20}$$

最后可得二元函数的拟合多项式

$$f(x, y) = \sum_{k=0}^{p-1} \sum_{l=0}^{q-1} \mu_{kl} \varphi_k(x) \psi_l(y) \tag{6.21}$$

再转换为标准的多项式形式。

在实际计算过程中，为了防止运算溢出，x_i，y_j 分别用

$$\begin{cases} x_i^* = x_i - \overline{x}, \ i = 0, \cdots, n-1 \\ y_j^* = y_j - \overline{y}, \ j = 0, \cdots, m-1 \end{cases} \tag{6.22}$$

代替。其中，$\overline{x} = \sum_{i=0}^{n-1} x_i/n$，$\overline{y} = \sum_{j=0}^{m-1} y_j/m$。

此时，二元拟合多项式的形式为

$$f(x, y) = \sum_{i=0}^{n-1} \sum_{j=0}^{m-1} a_{ij} (x - \overline{x})^i (y - \overline{y})^j \tag{6.23}$$

6.2.2　多项式响应面方法

响应面方法的数学表达是多元线性回归分析，本章近似函数使用线性或二阶多项式等，一阶响应面模型基本形式为

$$y = b_0 + \sum_{j=1}^{n_v} b_j x_j \tag{6.24}$$

二阶响应面模型基本形式为

$$y = b_0 + \sum_{j=1}^{n_v} b_j x_j + \sum_{i=1}^{n_v} \sum_{j \geq i}^{n_v} b_{ij} x_i x_j \tag{6.25}$$

其中，n_v 为设计变量个数，对于完全二次多项式，多项式系数 b 个数为 $n_t = (n_v + 1)(n_v + 2)/2$。利用最小二乘方法可以求得未知多项式系数。至此，可用

此方程估计任何位置 x 处的响应值 $\hat{y}$ 。相似地，对于 $x \in E^k$ ，构造二次响应面近似函数(一次函数可看作其特例)如下

$$\tilde{y} = \alpha_0 + \sum_{j=1}^{n} \alpha_j x_j + \sum_{j=n+1}^{2n} \alpha_j x_{j-k}^2 + \sum_{i=1}^{n-1} \sum_{j=i+1}^{n} \alpha_{ij} x_i x_j \qquad (6.26)$$

其中，n 为设计变量个数；α_0 为常数项待定系数；α_j 为一次项待定系数；α_{ij} 为二次项待定系数；通过变量代换可将其化为形式上的线性函数，令

$$\begin{cases} x_0 = 1 \\ x_1 = x_1, \ x_2 = x_2, \ \cdots, \ x_n = x_n \\ x_{n+1} = x_1^2, \ x_{n+2} = x_2^2, \ \cdots, \ x_{2n} = x_n^2 \\ x_{2n+1} = x_1 x_2, \ x_{2n+2} = x_1 x_3, \ \cdots, \ x_{k+1} = x_{n-1} x_n \end{cases} \qquad (6.27)$$

$$\begin{cases} \beta_0 = \alpha_0 \\ \beta_1 = \alpha_1, \ \beta_2 = \alpha_2, \ \cdots, \ \beta_n = \alpha_n \\ \beta_{n+1} = \alpha_{n+1}, \ \beta_{n+2} = \alpha_{n+2}, \ \cdots, \ \beta_{2n} = \alpha_{2n} \\ \beta_{2n+1} = \alpha_{12}, \ \beta_{2n+2} = \alpha_{13}, \ \cdots, \ \beta_{k+1} = \alpha_{(n-1)n} \end{cases} \qquad (6.28)$$

代入二次响应面近似函数，得到统一的简单形式

$$\tilde{y} = \beta_0 + \sum_{i=1}^{k-1} \beta_i x_i \qquad (6.29)$$

式中，β_i 为待定系数，其个数 k 由近似函数的形式而定，具体形式如表 6.2 所示。

表 6.2　　　　　　　　　　近似函数表

近似函数形式	k
线性型	$n+1$
可分离二次型(不含交叉项)	$2n+1$
完整二次型	$(n+1)(n+2)/2$

为了确定 β_i ，必须做 $m \geq k$ 次的独立试验，得到 m 组数据，然后通过求解得到相应的系数，具体如下所示。

$$\begin{matrix} x_1^{(1)} & \cdots & x_{k-1}^{(1)} & y^{(1)} \\ x_1^{(2)} & \cdots & x_{k-1}^{(2)} & y^{(2)} \\ \vdots & & \vdots & \vdots \\ x_1^{(m)} & \cdots & x_{k-1}^{(m)} & y^{(m)} \end{matrix} \qquad (6.30)$$

将上述数据代入转化式中，得到响应面的近似函数值为

$$
\begin{cases}
\tilde{y}^{(1)} = \sum_{i=0}^{k-1} \beta_i x_i^{(1)} \\
\qquad\vdots \\
\tilde{y}^{(m)} = \sum_{i=0}^{k-1} \beta_i x_i^{(m)}
\end{cases}
\tag{6.31}
$$

定义响应面函数值与试验值之间的误差为

$$
\varepsilon = (\varepsilon_1, \varepsilon_2, \cdots, \varepsilon_m)
\tag{6.32}
$$

其中

$$
\begin{cases}
\varepsilon_1 = \sum_{i=0}^{k-1} \beta_i x_i^{(1)} - y^{(1)} \\
\varepsilon_2 = \sum_{i=0}^{k-1} \beta_i x_i^{(2)} - y^{(2)} \\
\qquad\vdots \\
\varepsilon_m = \sum_{i=0}^{k-1} \beta_i x_i^{(m)} - y^{(m)}
\end{cases}
\tag{6.33}
$$

为了找到最接近所有试验点的响应面，利用最小二乘法原理使误差的平方和最小

$$
S(\beta) = \sum_{j=1}^{m} \varepsilon_j^2 = \sum_{j=1}^{m} \left(\sum_{i=0}^{k-1} \beta_i x_i^{(j)} - y^{(j)} \right)^2 \to \min
\tag{6.34}
$$

令

$$
\frac{\partial S}{\partial \beta_l} = 2 \sum_{j=1}^{m} \left(x_l^{(j)} \left(\sum_{i=0}^{k-1} \beta_i x_i^{(j)} - y^{(j)} \right) \right)^2 = 0 (l = 0, \cdots, k-1)
\tag{6.35}
$$

式(6.35)是一个具有 k 个未知数和 k 个方程的线性方程组，可以写成如下具体形式

$$\begin{cases} \sum_{j=1}^{m} \left(\sum_{i=0}^{k-1} x_0^{(j)} \beta_i x_i^{(j)} - x_0^{(j)} y^{(j)} \right) = \sum_{i=0}^{k-1} \sum_{j=1}^{m} x_i^{(j)} \beta_i - \sum_{j=1}^{m} y^{(j)} = 0 \\ \sum_{j=1}^{m} \left(\sum_{i=0}^{k-1} x_1^{(j)} \beta_i x_i^{(j)} - x_1^{(j)} y^{(j)} \right) = \sum_{i=0}^{k-1} \sum_{j=1}^{m} x_i^{(j)} x_i^{(j)} \beta_i - \sum_{j=1}^{m} x_i^{(j)} y^{(j)} = 0 \\ \vdots \\ \sum_{j=1}^{m} \left(\sum_{i=0}^{k-1} x_{k-1}^{(j)} \beta_i x_i^{(j)} - x_{k-1}^{(j)} y^{(j)} \right) = \sum_{i=0}^{k-1} \sum_{j=1}^{m} x_{k-1}^{(j)} x_i^{(j)} \beta_i - \sum_{j=1}^{m} x_{k-1}^{(j)} y^{(j)} = 0 \end{cases}$$

$$(6.36)$$

写成矩阵形式如下式所示

$$(X\boldsymbol{\beta} - y)^{\mathrm{T}} X = 0 \tag{6.37}$$

式中，X 为设计矩阵，y 为响应面值向量，$\boldsymbol{\beta}$ 为待定系数，具体形式如下

$$X = \begin{bmatrix} 1 & x_1^{(1)} & \cdots & x_{k-1}^{(1)} & y^{(1)} \\ 1 & x_1^{(2)} & \cdots & x_{k-1}^{(2)} & y^{(2)} \\ \vdots & \vdots & & \vdots & \vdots \\ 1 & x_1^{(m)} & \cdots & x_{k-1}^{(m)} & y^{(m)} \end{bmatrix}, \quad y = \begin{bmatrix} y^{(1)} \\ y^{(1)} \\ y^{(1)} \\ y^{(1)} \end{bmatrix}, \quad \boldsymbol{\beta} = \begin{bmatrix} \beta_0 \\ \beta_1 \\ \vdots \\ \beta_{k-1} \end{bmatrix} \tag{6.38}$$

求解矩阵式得到 $\boldsymbol{\beta}$，即得到响应面函数表达式，以上推导过程也可以用矩阵形式表示

$$\varepsilon(\boldsymbol{\beta}) = \tilde{y} - y = X\boldsymbol{\beta} - y \tag{6.39}$$

当 $m \geqslant k$，方程有唯一最小二乘解。令误差平方和最小

$$S(\boldsymbol{\beta}) = \|\varepsilon\|^2 = (X\boldsymbol{\beta} - y)^{\mathrm{T}}(X\boldsymbol{\beta} - y) \to \min \tag{6.40}$$

令

$$\nabla S(\boldsymbol{\beta}) = \nabla(\|\varepsilon\|^2) = \nabla((X\boldsymbol{\beta} - y)^{\mathrm{T}}(X\boldsymbol{\beta} - y)) = 2(X\boldsymbol{\beta} - y)^{\mathrm{T}} X = 0$$

$$(6.41)$$

得到

$$\boldsymbol{\beta} = (X^{\mathrm{T}}X)^{-1} X^{\mathrm{T}} y \tag{6.42}$$

当 $m = k$ 时，$(X^{\mathrm{T}}X)^{-1} X^{\mathrm{T}} = X^{-1}$，则

$$\boldsymbol{\beta} = X^{-1} y \tag{6.43}$$

6.2.3　响应面系数确定算法

确定公式中的参数，常用的有解析法、图解与计算结合法或图解法等。其中，麦夸尔特法（Marqurlt method）与拟牛顿方法（BFGS）是比较典型的两种非线

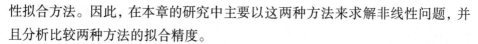

性拟合方法。因此,在本章的研究中主要以这两种方法来求解非线性问题,并且分析比较两种方法的拟合精度。

6.2.3.1　麦夸尔特法

该算法实质是非线性最小二乘的(修正)牛顿-高斯算法。其定义为,设变量 y 与变量 x_1, x_2, $\cdots$, x_p 满足关系

$$y = f(x_1, x_2, \cdots, x_p; b_1, b_2, \cdots, b_m) \tag{6.44}$$

其中,f 为待定参数;b_1, b_2, $\cdots$, b_m 的非线性函数。根据对变量 x_1, x_2, $\cdots$, x_p 和 y 的 N 组观测值,在最小二乘意义下,给出确定非线性模型中的参数方法,称为麦夸尔特法。其计算步骤如下

(1)计算残差的平方和 Q

设已知数据矩阵

$$\boldsymbol{X} = \begin{bmatrix} x_{11} & x_{12} & \cdots & x_{1p} & y_1 \\ x_{21} & x_{22} & \cdots & x_{2p} & y_2 \\ \vdots & \vdots & & \vdots & \vdots \\ x_{n1} & x_{n2} & \cdots & x_{np} & y_n \end{bmatrix} \tag{6.45}$$

首先,给出 m 个参数的初始值 $b_i^0 (i = 1, 2, \cdots, m)$,由 b_i^0 计算 N 组数据的残差平方和 Q

$$Q = \sum_{i=1}^{N} \left[y_i - \hat{y}_i \right] = \sum_{i=1}^{N} \left[y_i - f(x_{i1}, x_{i2}, \cdots, x_{ip}; b_1^0, b_2^0, \cdots b_m^0) \right] \tag{6.46}$$

(2)计算方程组的系数 a_{ij} 和常数项 a_{iy}

令 $b_i - b_i^0 = \Delta_i (i = 1, 2, \cdots, m)$,由最小二乘的原则,$\Delta_i (i = 1, 2, \cdots, m)$ 满足线性方程组

$$\begin{cases} (a_{11} + d)\Delta_1 + a_{12}\Delta_2 + \cdots + a_{1m}\Delta_m = a_{1y} \\ a_{21}\Delta_1 + (a_{22} + d)\Delta_2 + \cdots + a_{2m}\Delta_m = a_{2y} \\ \qquad\qquad\qquad \vdots \\ a_{m1}\Delta_1 + a_{m2}\Delta_2 + \cdots + (a_{mm} + d)\Delta_m = a_{my} \end{cases} \tag{6.47}$$

其中

$$\begin{cases} a_{ij} = \sum_{k=1}^{N} \dfrac{\partial f}{\partial b_i}(x_{k1}, \cdots, x_{kp}; b_1^0, \cdots b_m^0) \dfrac{\partial f}{\partial b_j}(x_{k1}, \cdots, x_{kp}; b_1^0, \cdots b_m^0) \\ a_{iy} = \sum_{k=1}^{N} \dfrac{\partial f}{\partial b_i}(x_{k1}, \cdots, x_{kp}; b_1^0, \cdots b_m^0)(y_k - \hat{y}_k) \end{cases}$$

$$\tag{6.48}$$

其中，$i, j = 1, 2, \cdots, m$；d 为阻尼因子，当 $d = 0$ 时，化为通常的高斯-牛顿迭代法。

(3)解方程组

得 $\Delta_i (i = 1, 2, \cdots, m)$，从而 $b_i = \Delta_i + b_i^0$，当 $\max |b_i x_i - b_i^0| = \min |\Delta_i| < p$ 时，迭代结束。否则，把 b_i^0 的值作为参数的初值，重复上述计算步骤，直到达到要求的精度为止。

6.2.3.2 拟牛顿法

在标准牛顿法中，需要计算二阶偏导数，而且此矩阵可能非正定。为了克服牛顿法的这些缺点，提出了拟牛顿法。其基本思想是用不包含二阶导数的矩阵近似牛顿法中的二阶偏导数矩阵的逆矩阵。由于构造近似矩阵的方法不同，因而出现不同的拟牛顿法。经理论证明和实践检验，拟牛顿法已经成为一类公认的比较有效的算法。由牛顿法的迭代公式，即为

$$x^{(k+1)} = x^{(k)} + \lambda_k d^{(k)} \tag{6.49}$$

其中，$d^{(k)}$ 是从 $x^{(k)}$ 处的牛顿方向

$$d^{(k)} = -\nabla^2 f(x^{(k)})^{-1} \nabla f(x^{(k)}) \tag{6.50}$$

λ_k 是从 $x^{(k)}$ 出发沿牛顿方向进行搜索的最优步长。为构造 $\nabla^2 f(x^{(k)})^{-1}$ 的近似矩阵 $\boldsymbol{H}_k$，先分析 $\nabla^2 f(x^{(k)})^{-1}$ 与一阶导数的关系。设在第 k 次迭代后，得到点 $x^{(k+1)}$，将目标函数 $f(x)$ 在点 $x^{(k+1)}$ 展成泰勒级数，并取二阶近似，得到

$$\begin{cases} f(x) \approx f(x^{(k+1)}) + \nabla f(x^{(k+1)}) T(x - x^{(k+1)}) + \dfrac{1}{2}(x - x^{(k+1)}) T \nabla^2 f(x^{(k+1)})(x - x^{(k+1)}) \\ \nabla f(x) \approx \nabla f(x^{(k+1)}) + \nabla^2 f(x^{(k+1)})(x^{(k)} - x^{(k+1)}) \end{cases} \tag{6.51}$$

令 $x = x^{(k)}$，则

$$\nabla f(x^{(k)}) \approx \nabla f(x^{(k+1)}) + \nabla^2 f(x^{(k+1)})(x^{(k)} - x^{(k+1)}) \tag{6.52}$$

记作

$$\begin{cases} p^{(k)} = x^{(k+1)} - x^{(k)} \\ q^{(k)} = \nabla f(x^{(k+1)}) - \nabla f(x^{(k)}) \end{cases} \tag{6.53}$$

则有

$$q^{(k)} \approx \nabla^2 f(x^{(k+1)}) p^{(k)} \tag{6.54}$$

又设 $\nabla^2 f(x^{(k+1)})$ 矩阵可逆，则

$$p^{(k)} \approx \nabla^2 f(x^{(k+1)})^{-1} q^{(k)} \tag{6.55}$$

这样，计算出 $p^{(k)}$ 和 $q^{(k)}$ 后，可以根据上式估计在 $x^{(k+1)}$ 处的 $\nabla^2 f(x^{(k+1)})$ 矩阵的逆。因此用不包含二阶导数的矩阵 $\boldsymbol{H}_{k+1}$ 取代 $\nabla^2 f(x^{(k+1)})$ 矩阵的逆矩阵，有理由令 $\boldsymbol{H}_{k+1}$ 满足

$$p^{(k)} = \boldsymbol{H}_{k+1} q^{(k)} \tag{6.56}$$

其中

$$\boldsymbol{H}_{k+1} = \boldsymbol{H}_k + \frac{(p^{(k)} - \boldsymbol{H}_k q^{(k)})(p^{(k)} - \boldsymbol{H}_k q^{(k)})^{\mathrm{T}}}{q^{(k)\mathrm{T}}(p^{(k)} - \boldsymbol{H}_k q^{(k)})} \tag{6.57}$$

式(6.57)为秩1的校正公式。利用秩1极小化函数 $f(x)$ 时，在第 k 次迭代中，令搜索方向

$$d^{(k)} = -\boldsymbol{H}_k \nabla f(x^{(k)}) \tag{6.58}$$

从而确定出后继点

$$x^{(k+1)} = x^{(k)} + \lambda_k d^{(k)} \tag{6.59}$$

求出点 $x^{(k+1)}$ 处的梯度 $\nabla f(x^{(k+1)})$ ，以及 $p^{(k)}$ 和 $q^{(k)}$ ，在利用公式计算出 $\boldsymbol{H}_{k+1}$ 。在求出点 $x^{(k+1)}$ 出发的搜索方向 $d^{(k+1)}$ ，以此类推，直至

$$\| \nabla f(x^{(k)}) \| < \varepsilon \tag{6.60}$$

其中，ε 是给定的允许误差。上述方法在一定条件下是收敛的，具有二次终止性。

6.2.4 离散遗传粒子群算法

粒子群算法是一种基于迭代的优化工具。其将需优化问题的潜在解作为一个粒子，首先初始化一群随机粒子，所有粒子都有一个由被优化的函数决定的适应度值，每个粒子有一个速度决定它们飞翔的方向和距离，在个体极值和群体极值的吸引下飞向较优区域最终找到最优解。

N 维空间第 i 个粒子的位置和速度为 $X^i = (x_{i,1}, x_{i,2}, \cdots, x_{i,n})$ 和 $V^i = (v_{i,1}, v_{i,2}, \cdots, v_{i,n})$ ，在每一次迭代中粒子通过跟踪两个最优解来更新自己，第一个就是粒子本身所找到的最优解，即个体极值 $pbest$ ，另一个是整个种群目前找到的最优解，即全局最优解 $gbest$ 。在找到这两个最优解时，粒子根据如下公式来更新速度和位置。

$$\begin{cases} V_i = \omega \times V_i + c_1 \times rand() \times (pbest_i - x_i) + c_2 \times rand() \times (gbest_i - x_i) \\ x_i = x_i + V_i \end{cases}$$

$$\tag{6.61}$$

V_i 是粒子的速度；$pbest$ 和 $gbest$ 如前定义；$rand()$ 是介于(0,1)之间的随机

数；X_i是粒子的当前位置。c_1和c_2是学习因子。在粒子群优化算法为在 N 维空间中 m 个粒子组成的粒子群，每个粒子都是 N 维空间中的一个可能解。

由于 PSO 算法是一种基于迭代的优化工具，其将需优化问题的潜在解作为一个粒子，在每一次迭代中粒子通过跟踪局部最优解和全局最优解来更新自己，具有算法规则简单容易实现、收敛速度快、有很多措施可以避免陷入局部最优、可调参数少等优点，在连续求解空间总表现不俗，而失谐叶盘的叶片排布问题属于离散领域问题，原始粒子群算法的式(6.61)不能满足离散变量的更新，因此，在基本粒子群算法的基础上引入遗传算法，形成离散遗传粒子群算法(discrete genetic particle swarm optimization，DGPSO)，粒子速度和位置的更新公式变为

$$\begin{cases} V_{i+1} = V_i + \alpha \otimes (pbest_i \oplus x_i) + \beta \otimes (gbest_i \oplus x_i) \\ x_{i+1} = x_i + V_{i+1} \end{cases} \tag{6.62}$$

其中，速度 V 的作用依然是改变粒子的位置，定义速度为交换的列表，交换的具体方式是交换位置中的两个元素。粒子的位置变动表达式不变但是含义变成依次用速度 V 中的交换去处理 X。α, β 为 $0 \sim 1$ 的随机数具有概率的含义，在计算 V_{i+1} 时对于 V_i 生成一个随机数 $rand$，如果 $rand$ 大于或等于 α, β 则调用 $\otimes$ 算子否则不变。由于速度的定义转换，位置运动是直接到位，因此取消了原有的惯性因子 ω，但惯性因子是扰动粒子保持种群多样性的关键，取消后容易使算法早熟，在此引入遗传算法(GA)的变异算子，使算法在迭代的后期依然能够保持良好的变异进化能力，很好地避免了算法陷入局部最优。

(1)编码

采用顺序编码，以 x 轴重合方向为起点(位置1)顺时针方向为叶片排布方向，依次填入叶片编码形成的向量为一个排布。如 [7 3 2 8 1 5 4 6] 为 7 号叶片安装在 1 号位置，3 号叶片安装在 2 号位置。

(2)交叉算子 $\oplus$

个体通过和个体极值和群体极值交叉来更新，交叉方法采用整数交叉法。首先选取 2 个交叉位置，然后把个体和个体极值或个体与全局极值进行交叉，假定随机选取的交叉位置为 1 和 3，操作方法如下。

个　　体[7 3 2 8 1 5 4 6] $\xrightarrow{\text{交叉}}$ [6 3 3 8 1 5 4 6]
个体极值[6 4 3 2 5 1 8 7]

产生的个体如果存在重复位置则进行调整，调整方法为用新个体中没包含的叶片代替重复的叶片。

$$[\,6\ 3\ 3\ 8\ 1\ 5\ 4\ 6\,]\xrightarrow{\text{调整}}[\,6\ 2\ 3\ 8\ 1\ 5\ 4\ 7\,]$$

对得到的新个体采用保留优秀个体的策略，只有当适应度值好于旧的粒子时才更新粒子。

（3）变异算子 ⊗

变异方法采用个体内部两随机位互换的方法，首先随机选择变异位置 position 1 和 position 2，然后把两个变异位置的叶片互换，假设选择的是位置4和位置6，变异方法如下

$$[\,6\ 2\ 3\ 8\ 1\ 5\ 4\ 7\,]\xrightarrow{\text{变异}}[\,6\ 2\ 3\ 8\ 7\ 5\ 4\ 1\,]$$

对得到的新个体采用保留优秀个体的策略，只有当适应度值好于旧的粒子时才更新粒子。

（4）适应度函数设计

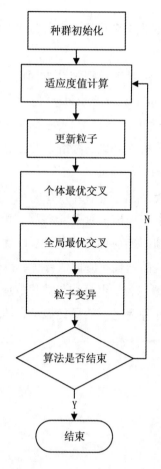

图6.4　离散遗传粒子群算法优化叶片排列顺序流程图

采用叶片振幅最大值作为评价指标，为综合考虑各叶片最大振幅平均振动和各叶片最大振幅差异，以叶片最大振幅的均值和方差为指标来构造适应度函数如下

$$L = \mathrm{mean}(X) \times \mathrm{var}(X) \tag{6.63}$$

式中，X 为各叶片最大振幅向量，$\mathrm{mean}(X)$ 为各叶片最大振幅平均值，$\mathrm{var}(X)$ 为各叶片最大振幅方差，算法具体流程如图 6.4 所示。

6.2.5 基于智能优化迭代响应面法

综合上述所述方法可知，在工程应用中使用的拟合算法应具备如下性质。

① 良好的收敛性；

② 数值的稳定性，即舍入误差在一定条件下能够得到控制，可以得到精度较高的解；

③ 广泛的实用性，即对研究对象的限制条件较少，收敛条件容易被满足；

④ 便于学习和使用。

基于上述考虑，响应面方法对于数据拟合方面的应用具有很强的适应性。响应面方法（RSM，response surface methodology）是利用统计学的综合试验技术解决复杂系统输入（变量）与输出（响应）之间关系的一种方法。响应面方法以试验测量、经验公式和数值分析为基础，对指定设计点集合进行连续求解，最后在设计空间中构造待测量的全局逼近。

本章失谐问题涉及自变量数量较大，并且在满足一定精度的条件下，对于时间效率要求较高，因此，本书提出一种基于多项式响应面的改进响应面法，其优化过程为：采取基本多项式响应面分析优化，以优化结果为初始参数，重新代入模型计算，经多次迭代的迭代响应面法寻优，在时间效率与寻优精度上都有很好表现。本章将离散遗传粒子群算法与迭代响应方法相结合，对既定失谐叶盘系统进行寻优，获得此种情况下的最佳振动，具体优化流程如图 6.5 所示。

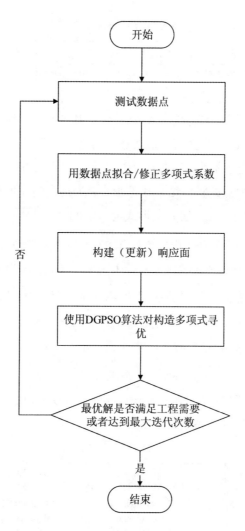

图 6.5　迭代响应面法优化流程图

6.3　失谐叶盘系统叶片排序优化

在实际工程应用中多数情况并不是所有叶片全部失谐，而是仅有少部分叶片存在失谐现象，剩余叶片为谐调的应用场合。首先取失谐量标准差为 1% 的一组失谐数据列于表 6.3。

表 6.3   标准差为 1%时叶片失谐量

编号	失谐量	编号	失谐量	编号	失谐量
1	0.023517859675667	3	−0.00212666023859693	5	0.00438071425342
2	0.012757292038253	4	−0.00154860831254031	6	−0.004970036741292

以表 6.3 数据为失谐参数,基于表 6.3 中失谐振动测试样本试验设计,并按照拉丁超立方试验方法取 53 组数据。为选择一种较为合理的多项式系数拟合算法,分别用麦夸尔特法与拟牛顿法对完全二次展开式进行参数拟合。在拟合参数时因为数据点的输出结果相差较小,为提高响应面的梯度,将输出结果乘以 10^{18} 。拟合完全二次展开式形式为

$$
\begin{aligned}
z = {} & p_1 x_1 + p_2 x_2 + p_3 x_3 + p_4 x_4 + p_5 x_1^2 + p_6 x_2^2 + \\
& p_7 x_3^2 + p8 x_4^2 + p_9 x_1 x_2 + p_{10} x_1 x_3 + p_{11} x_1 x_4 + \\
& p_{12} x_2 x_3 + p_{13} x_2 x_4 + p_{14} x_3 x_4 + p_{15} + p_{16} x_5 + \\
& p_{17} x_6 + p_{18} x_5^2 + p_{19} x_6^2 + p_{20} x_1 x_5 + p_{21} x_1 x_6 + \\
& p_{22} x_2 x_5 + p_{23} x_2 x_6 + p_{24} x_3 x_5 + p_{25} x_3 x_6 + \\
& p_{26} x_4 x_5 + p_{27} x_4 x_6 + p_{28} x_5 x_6
\end{aligned}
\tag{6.64}
$$

分别使用麦夸尔特法(Marquardt method)与拟牛顿法(BFGS)拟合参数,将拟合得到的二次展开式系数列于表 6.4 和 6.5。

表 6.4   麦夸尔特法拟合参数表

系数	拟合值	系数	拟合值	系数	拟合值	系数	拟合值
p_1	−237.19111354	p_8	72.313746375	p_{15}	8.7860251719	p_{22}	−280.07625089
p_2	−144.09802965	p_9	−97.45790954	p_{16}	−143.3308022	p_{23}	0.96570688209
p_3	−144.76606911	p_{10}	−62.98334608	p_{17}	−160.4454724	p_{24}	−256.61302617
p_4	−148.64760977	p_{11}	1.6793486943	p_{18}	−16.38646124	p_{25}	24.437338112
p_5	3361.17865296	p_{12}	−256.11375386	P_{19}	262.1025227	p_{26}	−191.8609705
p_6	−9.9779084879	p_{13}	−191.3530089	p_{20}	−87.012706779	p_{27}	89.19417239
p_7	7.5540832599	p_{14}	−167.85874069	p_{21}	200.7183302	p_{28}	0.4699795417

表 6.5   拟牛顿法拟合参数表

系数	拟合值	系数	拟合值	系数	拟合值	系数	拟合值
p_1	−36.134250966	p_8	−424.79215373	p_{15}	−0.58673753233	p_{22}	214.027792804
p_2	6.9089127481	p_9	−433.45842448	p_{16}	7.717167747949	p_{23}	213.176957702
p_3	7.7235648605	p_{10}	−423.59542286	p_{17}	7.584865355568	p_{24}	212.879461550
p_4	7.7522381994	p_{11}	−423.83800995	p_{18}	−424.653679326	p_{25}	212.037031500
p_5	2122.80635332	p_{12}	214.059812960	P_{19}	−428.057272525	p_{26}	212.726236686
p_6	−417.56425506	p_{13}	213.915276991	p_{20}	−423.694306583	p_{27}	211.888582928
p_7	−424.64329103	p_{14}	212.797989978	p_{21}	−417.856070004	p_{28}	212.000139382

将拟合出的系数代入式(6.64)，由此绘制出基于麦夸尔特法和拟牛顿法多项式响应面拟合值与样本值曲线对比图和拟合误差变化曲线图，如图 6.6 和 6.7 所示。

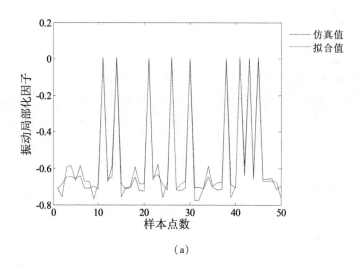

（a）

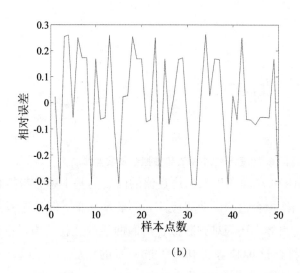

（b）

图 6.6　基于麦夸尔特法参数拟合及误差曲线

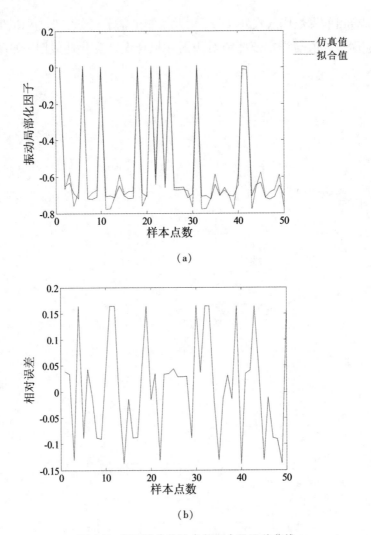

图 6.7　基于拟牛顿法参数拟合及误差曲线

由图 6.6(a)和图 6.7(a)可以看出仿真值的曲线的基本趋势与拟合值的曲线基本一致,响应面法拟合出来的曲线应该是符合事实的,但是这只是在样本点处的数值,仅凭这组样本还很难判断拟合出的曲线的泛化能力及准确性,对于其他的样本是否符合这种趋势还有待于进一步的检验。由图 6.6(b)和图 6.7(b)可以看出不同样本点处相对误差具有一定波动,误差值需要进一步优化,拟合精度需要进一步提高。

比较基于拟牛顿算法和麦夸尔特算法的二次型多项式系数拟合结果可以看出,拟牛顿法的拟合精度较高,但仍然无法满足高精度问题要求。另外,试验结果表明,改变一定量的数据点,对基于麦夸尔特算法的拟合参数影响很大,具有一定波动性。而本书正是基于多项式拟合的迭代优化，具有重复操作性。因此，下文中迭代响应面的拟合系数求解采用拟合精度和稳定性较好的拟牛顿算法。

为提高拟合出的响应面优化效果，需要反复迭代更新响应面多项式系数。迭代响应面的模型修正可归结为以下的优化问题

$$\min \ \|R(x)\|_2^2, R(x) = \{f_E\} - \{f_A(x)\} \qquad x \in [\text{VLB, VUB}] \quad (6.65)$$

其中，x 为失谐参数，$\{f_E\}$ 与 $\{f_A(x)\}$ 代表特征量分别是响应面分析与试验测试的结果，VLB、VUB 为设计空间的边界，R 为特征量的残差。

对多项式系数进行拟合，确定响应面后，对叶片排序的寻优问题就转化为对已知系数多项式的求极值问题。此处，选用拟牛顿法拟合结果并使用 DGPSO 算法对多项式寻优。利用所求最优解，分别固定最优解若干个影响因素，变动其他因素以获得在第一次选择数据点附近的 53 个数据点，并使用这些数据点更新多项式系数，经过迭代之后多项式系数如表 6.6 所示。

表 6.6　　　　　　　　　　　迭代优化后拟合参数表

系数	拟合值	系数	拟合值	系数	拟合值	系数	拟合值
p_1	−35.917265068	p_8	−424.50345836	p_{15}	−0.60016844549	p_{22}	213.851219001
p_2	7.13500146316	p_9	−433.49680052	p_{16}	7.942495085431	p_{23}	213.004630815
p_3	7.95485291132	p_{10}	−423.72012624	p_{17}	7.80991892355	p_{24}	212.616549539
p_4	7.96511903384	p_{11}	−423.65797996	p_{18}	−424.573797921	p_{25}	211.778367202
p_5	2123.02534453	p_{12}	213.784235646	P_{19}	−427.972096008	p_{26}	212.768057996
p_6	−417.49693574	p_{13}	213.944432915	p_{20}	−423.720006576	p_{27}	211.934651404
p_7	−424.66219922	p_{14}	212.740807605	p_{21}	−417.877516453	p_{28}	211.840478302

图 6.8 为经过迭代之后的多项式系数与首次优化所得多项式系数的绝对柱状误差图，可以看出，优化后的拟合系数略有变化但是变化范围在 0.3 以内，因此响应面的整体形状略有变化。迭代前后第一失谐量与第二失谐量响应面及部分数据点如图 6.9 所示，迭代后响应面拟合曲线如图 6.10 所示。

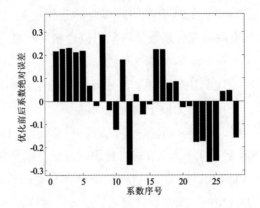

图 6.8　优化前后拟合系数绝对误差图

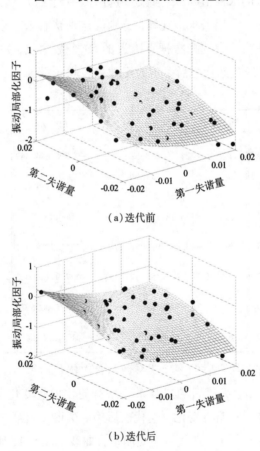

（a）迭代前

（b）迭代后

图 6.9　拟合响应面图

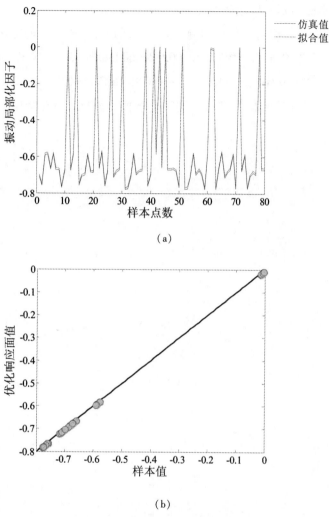

(a)

(b)

图 6.10　迭代优化后响应面拟合曲线

　　由图 6.9 可以看出,所选择试验点大多位于响应面上,说明二次多项式拟合方法可以用于本章数据点模型,二者变化趋势基本相似。但迭代前响应面仍有一定数量的数据点拟合度较差,仍需进一步优化,相应地大部分数据均位于迭代后响应面上。由图 6.10(a)可以看出点的曲线与直线的吻合程度较图 6.7(a)有很大提高,误差极小。以样本值作为横坐标,以响应面拟合值作为纵坐标绘制散点图,即图 6.10(b),图中线条为 $y = x$ 函数曲线,易见数据点中心基本在函数曲线上,证明优化后的响应面的拟合值与样本值已经很吻合。这意味着以此时的响应面对应用问题寻优有更好的准确性与泛化能力,此时响应面已经可以直接求极值解决应用问题。

使用 DGPSO 算法对优化后的响应面多项式在叶片失谐量的定义域内寻优，算法迅速收敛于全局最优解 [− 0.00212666023859693，0.023517859675667，−0.004970036741292，0.004138071425342，− 0.00154860831254031，0.012757292038253]，将此解与顺序排列作为样本进行不同频率下振动测试，对比结果如图 6.11 与图 6.12 所示。

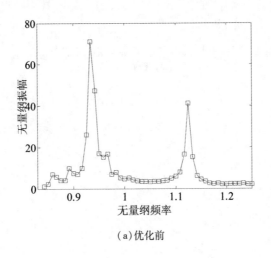

（a）优化前

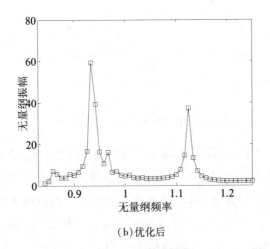

（b）优化后

图 6.11　幅频特性曲线

图 6.11、图 6.12 分别为优化前后幅频特性曲线图与幅频特性变化曲线。由图可知，采用迭代响应面方法优化少量叶片失谐的排布问题可以降低叶盘系统整体振幅，同时，不同频率位置的改变量不同，基频位置改变量较大。因此

基于迭代响应面法的叶片排布优化具有实际工程意义，可以改善整体叶盘系统的振动幅值，尤其对于共振区域改善较为明显。

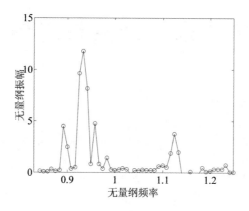

图 6.12 优化前后幅频特性变化曲线

6.4 本章小结

在实际工程应用中，失谐叶片排序存在少量叶片失谐的工况，本章采用仅需要少量数据点拟合出多项式响应面，将问题转换为含约束条件多项式求极值问题的求解模式。由此分别提出了失谐叶盘振动测试样本试验设计方法和基于多项式响应面方法与离散遗传粒子群算法的迭代响应面方法，并将这些方法应用到对失谐叶盘的安装顺序进行排列的优化研究之中。

采取基本二次型多项式响应面对失谐叶盘系统进行拟合，通过拟牛顿算法确定拟合系数，基于离散遗传粒子群算法进行多项式极值求解；以优化结果为初始参数重新代入进行样本获取，并再次采用多项式响应面对其拟合；当结果精度满足要求时，停止迭代，而最后一次拟合响应面即为基于迭代响应面法寻优的少量失谐叶片排布优化结果。经迭代响应面排布优化后的叶盘系统受迫振动幅值要比按照叶片序号顺次排列的叶盘系统受迫振动幅值有明显的减小。不同频率位置的改变量不同，基频位置改变量较大。基于迭代响应面法的叶片排布优化具有实际工程意义，可以改善整体叶盘系统的振动幅值，尤其对于共振区域改善较为明显。

第7章 结论与展望

7.1 全书总结

本书针对燃气轮机和汽轮机叶盘系统开展了动力特性分析与试验研究。综述了叶盘转子系统的国内外研究现状，分析了现有方法的研究特点及存在的问题，指出了亟待解决的工程问题；开展了叶盘转子系统不平衡响应及其在动平衡中的应用研究，进行了轮盘质量和位置对转子临界转速灵敏度分析，研究了叶盘系统参数变化对振动特性的影响，讨论了叶片不同展弦比对叶盘系统振动特性的影响，提出了失谐叶盘系统叶片排序优化的研究方法。本书得出结论如下。

（1）叶盘转子系统不平衡响应及其在动平衡中的应用研究

以某型烟气轮机叶盘转子系统为研究对象，建立了叶盘轴一体化模型，应用传递矩阵法求解了叶盘转子系统的固有振动特性和不平衡响应，与 ANSYS 子结构法计算结果进行比较，验证了所采用分析方法的正确性。同时，讨论了不平衡质量对叶盘转子振动特性的影响及其在动平衡中的应用。结果表明：某型烟气轮机叶盘转子邻近支承输入端更易在低频段发生不平衡振动，而输出端对高频段较为敏感。偏心质量的增加会加剧叶盘转子系统的不平衡振动；施加反向不平衡量可减小低频振动幅值，有效抑制低频引起的振动，施加同向不平衡量可抑制高频引起的振动，可利用反向不平衡量以实现燃气轮机的动平衡。

（2）轮盘质量和位置对转子临界转速影响研究

以汽轮机转子系统为研究对象，建立了叶盘转子系统模型，对两端刚性支承刚性薄单圆盘偏置转子进行了理论计算分析，利用试验测量了不同轮盘质量和位置的转子临界转速，试验得出了与理论分析和有限元结果吻合的结论，同时引入灵敏度分析方法，分析了轮盘质量和位置变化对汽轮机转子临界转速的影响。结果表明：转子临界转速随着轮盘质量增加而减小，随着轮盘偏置量增加而增加；不同质量轮盘安装在转子中心位置的临界转速最小，偏离转子中心位置的临界转速逐渐增大，且对称位置的临界转速基本一致，随着质量的增加，转子的临界转速减小，质量增加得越大，临界转速减小得越快。转子临界转速在偏离中心位置 40% 以内时变化明显；在偏离转子中心位置 40% 以上时，随着质量变化并不明显；偏离中心位置 80% 位置时，质量变化对转子临界转速基本没有什么影响。偏置量对临界转速的影响远远大于质量的影响，是 7~10 倍。同一质量轮盘偏置量大于 40%，对转子临界转速改变量较明显；同一偏置位置，质量增加量小于 50%，对转子临界转速改变量较明显。

（3）叶盘系统参数变化对振动特性影响研究

建立了轮盘模态解析模型，对圆周对称结构的轮盘进行解析计算，基于共振法原理，对模拟轮盘进行调频激振，用轮盘上细沙运动来表示模拟轮盘振型，并将试验振型与解析计算和有限元计算结果进行对比分析，验证试验的可靠性。在此基础上，基于群论算法对叶盘系统模态进行计算分析，设计了 10 种叶盘系统参数工况，讨论了叶盘系统结构变化的影响因素分析。结果表明：轮盘模态解析计算和有限元计算与试验结果基本吻合，验证了该试验的准确性；当轮盘处于模态频率下时，模拟轮盘边缘对称部位的振幅明显增大，其上连接的叶片的振幅将明显增大，会造成机组动静碰摩，长时间振动下去，将导致轮盘系统疲劳变形甚至损坏；叶盘系统与轮盘的振型趋势基本吻合，随着叶片质量的增加，整个叶盘系统的各阶模态频率逐渐增大，振幅也将略微增大，当叶片不同部位质量增加时，对叶盘系统的各阶模态频率影响不大，除非质量偏差较大或者叶片脱落将产生较大影响；叶盘系统低频振动时，以轮盘振动为主导，叶片随着轮盘振动。

（4）叶片展弦比对叶盘系统振动特性的影响

建立了不同展弦比下的叶片结构模型，求解分析叶片的固有频率，并讨论了各展弦比下叶片的固有振动特性。建立叶盘系统模型，对扭曲叶片和直叶片对应的叶盘系统进行动频分析，讨论了扭曲叶片和直叶片在不同展弦比下对叶盘系统动频影响的变化规律。结果表明：随着转速的升高，叶盘系统的固有振动频率有所提高；叶片展弦比增加，降低了叶片的弯曲振动频率，增大了系统发生弯曲振动的可能性，而对叶片的扭转振动影响比较复杂。定宽度时，叶片的高阶次和小展弦比区域振动频率受展弦比影响更为敏感，且随着展弦比的增加，叶片的各阶固有振动频率均降低；定长度时，叶片的弯曲振动频率会随着展弦比的增大而升高，而扭转振动频率却出现一定幅度的上升，同时叶片的扭转振动频率较弯曲振动频率变化更明显；扭曲叶片和直叶片叶盘系统，展弦比对系统动频的影响变化规律是相同的，扭曲叶片叶盘系统振动特性更加复杂。定宽度时，叶片展弦比对系统低阶频率的影响较小、对高阶频率的影响较大，展弦比的增加使得叶盘系统的各阶频率均降低；而定长度时，展弦比对叶片扭曲频率的影响比较敏感，会随着展弦比的增加而升高，其他各阶频率变化幅度较小。

（5）失谐叶盘系统叶片排序优化研究

提出失谐叶盘系统振动测试试验方法，进而在考虑一组既定失谐量情况下，对不同叶片排布失谐的叶盘系统进行响应测试，为排序优化分析提供数据样本，提出基于迭代响应面与离散遗传粒子群优化算法联合的失谐叶片排序优化方法，获得最佳振动的叶片排序方案。采取基本二次型多项式响应面对失谐叶盘系统进行拟合，通过拟牛顿算法确定拟合系数，基于离散遗传粒子群算法进行多项式极值求解；以优化结果为初始参数重新代入进行样本获取，当结果精度满足要求时，停止迭代，而最后一次拟合响应面即为基于迭代响应面法寻优的少量失谐叶片排布优化结果。结果表明：经迭代响应面排布优化后的叶盘系统受迫振动幅值要比按照叶片序号顺次排列的叶盘系统受迫振动幅值有明显的减小。不同频率位置的改变量不同，基频位置改变量较大。基于迭代响应面法的叶片排布优化具有实际工程意义，可以改善整体叶盘系统的振动幅值，尤其对于共振区域改善较为明显。

7.2　主要创新点

本书以燃气轮机和汽轮发电机组转子叶盘系统为研究对象，开展了叶盘系统动力学特性和试验研究，其中涉及叶盘转子系统不平衡响应及其在动平衡中的应用研究、相关参数对转子临界转速灵敏度分析、叶盘系统参数变化对模态及振型的影响分析、不同展弦比对叶盘系统的振动特性分析、失谐叶盘系统的振动特性研究与叶片排序优化等方面的内容，具有如下创新点。

① 以燃气轮机叶盘转子系统为研究对象，应用传递矩阵法进行了叶盘转子系统的固有振动特性和不平衡响应分析，讨论了由偏心质量和偏心位置造成的不平衡对叶盘转子振动特性的影响，并将结论应用在动平衡试验中，对现场动平衡具有理论指导价值。

② 以汽轮机转子系统为研究对象，建立了叶盘转子系统模型，对两端刚性支承单圆盘偏置转子进行了理论计算分析，通过改变转子系统轮盘质量和位置进行试验研究，引入灵敏度分析方法，分析了轮盘质量和位置变化对汽轮机转子临界转速的影响，所得结论对汽轮机通流改造后转子临界转速变化具有指导性意义。

③ 建立了轮盘模态解析模型，对圆周对称结构的轮盘进行解析计算，通过试验对模拟轮盘进行调频激振，用轮盘上细沙运动来表示模拟轮盘对应的振型，并将试验振型与解析计算和有限元计算结果进行对比分析，验证试验可靠性。在此基础上，基于群论算法对叶盘系统模态进行计算分析，设计了 10 种叶盘系统参数工况，讨论了叶盘系统结构变化的影响因素，为工程实际中遇到的问题给予理论支撑。

④ 建立了不同展弦比下的叶片结构模型，讨论了各展弦比下叶片的固有振动特性。在此基础上，建立叶盘系统模型，对扭曲叶片和直叶片对应的叶盘系统进行动频分析，讨论了扭曲叶片和直叶片在不同展弦比下对叶盘系统动频影响的变化规律，相关结论对燃气轮机和汽轮机叶片的设计加工、强度分析提供了一定的理论依据。

⑤ 提出失谐叶盘系统振动测试试验方法，对不同叶片排布失谐的叶盘系统进行响应测试，提出了基于迭代响应面与离散遗传粒子群优化算法联合的失谐叶片排序优化方法，获得了最佳振动的叶片排序方案，该方法有效降低了失谐叶盘的振动幅值。

7.3 建议与展望

燃气轮机和汽轮发电机组在运行过程中，叶盘系统将受到更为复杂因素的影响而引发各类不可预见的故障，包括本书涉及的范围内仍有许多问题迫切需要深入的研究。下面提出以下几点建议，希望能有益于后续研究者。

① 本书对轮盘质量和位置变化对转子临界转速进行了灵敏度分析，得出了两个参数对转子临界转速的影响程度，接下来的工作可以将轴承支撑刚度、转子温度变化、动静碰摩等参数的变化考虑进去，将多因素的影响进行灵敏度分析，得出多参数变化对转子振动特性影响程度的分析结论。

② 本书结合试验装置，对叶盘系统进行了有限元分析，得出了一定的结论，接下来分析应该考虑到叶片和轮盘的耦合问题，就叶盘系统耦合振动开展深入研究，并配合试验结果进行比较分析，得出叶盘系统振动耦合的相关结论。

③ 本书基于迭代响应面与离散遗传粒子群优化算法联合进行了失谐叶片排序优化，书中试验测量的精度和准确性尚需提高，且应提出一套叶盘排序优化的具体试验方案及试用工程实践的优化方法。

参考文献

［1］ TABIEI A,SOCKALINGAM S.Multiphysics coupled fluid/thermal/structural simulation for hypersonic reentry vehicles［J］.Journal of aerospace engineering,2012,25(2):273-281.

［2］ 姚秀平.燃气轮机与联合循环［M］.北京:中国电力出版社,2013.

［3］ 马威猛,刘永泉,王建军.双重非对称转子支承系统建模分析方法研究［J］.航空发动机,2014,40(6):1-7.

［4］ PROHL M A.A general method for calculating critical speed of flexible rotors［J］.Journal of applied mechanics,1945,12(3):142-148.

［5］ WU F,FLOWERS G T.Transfer matrix technique for evaluating the natural frequencies and critical speeds of a rotor with multiple flexible disks［J］.Journal of vibration,acoustics,stress,and reliability in design,1992,114(2):42-48.

［6］ HURLY W C.Vibration of structural system by component mode synthesis［J］.Journal of the engineering mechanics division,1960,85(8):51-69.

［7］ CRAIG R R,BAMPTON M C C.Coupling of substructures for dynamic analysis［J］.AIAA journal,1968,6(7):1313-1319.

［8］ 王文亮,杜作润.结构振动与动态子结构方法［M］.上海:复旦大学出版社,1985.

［9］ 王文亮,杜作润,陈康元.模态综合技术短评和一种新的改进［J］.航空学报,1979(3):32-51.

［10］ 刘延峰.高速旋转机械转子动力特性研究［D］.兰州:兰州理工大学,2010.

［11］ 张汝清,董明.无界面子结构模态综合法［J］.计算结构力学及其应用,1984,1(3):51-57.

［12］ 董明,张汝清.无界面子结构模态综合法的四种修正方案［J］.重庆大学学报,1987(S1):16-21.

[13] 韩放.复杂转子系统若干动力学特性的研究[D].沈阳:东北大学,2009.

[14] GAO S H,MENG G.Research of the spindle overhang and bearing span on the system milling stability[J].Archive of applied mechanics,2011,81(10): 1473-1486.

[15] 张文.转子动力学理论基础[M].北京:科学出版社,1990.

[16] JIA H S.On the bending coupled natural frequencies of a spinning,multispan timoshenko shaft carrying elastic disks[J].Journal of sound and vibration, 1999,221(4):623-649.

[17] CHUN S B,LEE C W.Vibration analysis of shaft-blade disk system by using substructure synthesis and assumed modes method[J].Journal of sound and vibration,1996,189(5):587-608.

[18] 王立刚,曹登庆,胡超,等.叶片振动对转子-轴承系统动力学行为的影响 [J].哈尔滨工程大学学报,2007(3):320-325.

[19] WONG F S.Slope reliability and response surface method[J].Journal of geotechnical engineering division,ASCE,1985,111(1):32-53.

[20] FARAVELLI L.Response surface approach for reliability analysis[J].Journal of engineering mechanics,ASCE,1989,115(12):2763-2781.

[21] HORNIK K,STINCHCOMBE M,WHITE H.Multi-layer feed-forward networks are universal approximators[J].Neural networks,1989,2(5):359-368.

[22] LI X.Simultaneous approximations of multivariate functions and derivatives by neural networks with one hidden layer[J].Neurocomputing,1996,12(4): 327-343.

[23] BRAY B,TSAI F,SIM Y,et al.Model development and calibration of a salt-water intrusion model in Southern California[J].Journal of the American water resources association,2007,43(5):1329-1343.

[24] LIU Y,JOURNEL A G.A package for geostatistical integration of coarse and fine scale data[J].Computers and geosciences,2009,35:527-547.

[25] STODOLA A.Steam and gas turbines[D].New York:Mcgraw-Hill,1927.

[26] ARMSTRONG E K.An investigation into the coupling between turbine disc and blade vibration[D].Cambridge:University of Cambridge,1955.

[27] PRITCHETT R C,BISHOP P A,YANG Z,et al.Evaluation of artificial sweat

in athletes with spinal cord injuries[J].European journal of applied physiology,2010,109(1):125-131.

[28] EWINS D J.The vibration of blade discs[D].Cambridge:University of Cambridge,1966.

[29] EWINS D J.Vibration characteristics of bladed disc assemblies[J].Journal of mechanical engineering science,1973,15(3):165-186.

[30] IRREITER H.Coupled vibrations of blades in bending-bending-torsion and disks in out-of-plane and in-plane motion[J].ASME,1979:79-90.

[31] MOTA S C A,PETYT M.Finite element dynamic analysis of practical bladed disks[J].Journal sound and vibration,1978,61(4):547-560.

[32] THOMAS D L.Dynamics of rotationally periodic structures[J].International journal for numerical methods in engineering,1979,14(1):81-88.

[33] NELSON H D.A finite rotating shaft element using timoshenko beam theory[J].Journal of mechanical design,1982,102(4):793-803.

[34] 胡海岩.循环对称结构振动分析的广义模态综合法[J].振动与冲击,1986(4):1-7.

[35] 高德平,张益松,伊立言.叶片-轮盘组件的动力特性研究[J].航空动力学报,1988,3(2):97-101.

[36] 杨少明.航空发动机失谐叶盘系统振动特性与减振研究[D].沈阳:东北大学,2010.

[37] 袁惠群,张亮,韩清凯.航空发动机转子失谐叶片减振安装优化分析[J].振动、测试与诊断,2011,31(5):647-651,668-669.

[38] 葛永庆,安连锁.裂纹参数对叶片固有频率影响的研究[J].动力工程,2008(4):519-522.

[39] 胡殿印,王荣桥,邓俊.基于有限元方法的裂纹扩展寿命预测[J].机械强度,2009(2):264-268.

[40] 李春旺,罗秀芹,杨百愚,等.基于有限元方法的航空发动机叶片应力强度因子计算[J].应用力学学报,2013(3):373-377.

[41] 邹圆刚.基于非线性动力学的含裂纹叶片转子振动特性研究[D].南昌:江西理工大学,2008.

[42] JEFFCOTT H H.The lateral vibration of loaded shafts in the neighborhood of a

whirling speed: the effect of want of balance[J]. Philosophical magazine 1919,6(37):304-314.

[43] CVETICANIN L. Normal modes of vibration for continuous rotors with slow time variable mass[J]. Mechanism and machine theory,1997,32(7):881-891.

[44] CVETICANIN L. Resonant vibrations of nonlinear rotors[J]. Mechanism and machine theory,1995,30(4):581-588.

[45] CHEN C H, WANG K W. An integrated approach toward the dynamic analysis of high-speed spindles,part 2:dynamics under moving end load[J].Journal of vibration and acoustics,1994,116:514-522.

[46] ISHIDA Y, IKEDA T, YAMAMOTO T. Nonstationary vibration of a rotating shaft with nonlinear spring characteristics during acceleration through a critical speed[J].JSME international journal,series Ⅲ,1989,32(4):575-584.

[47] ISHIDA Y, IKEDA T, YAMAMOTO T. Transient vibration of a rotating shaft with nonlinear spring characteristics during acceleration through a major critical speed[J].JSME international journal,series Ⅲ,1987,30(261):458-466.

[48] ISHIDA Y, IKEDA T, YAMAMOTO T. Effects of nonlinear spring characteristics on the dynamic unstable region of an unsymmetrical rotor[J].Transaction of the Japan society mechanical engineers,1986,51(65):952-958.

[49] 马孝江,袁景侠.轴承组件非线性特性研究[J].机械工程学报,1991,27(3):8-12.

[50] GARDNER M, MYERS C, SAVAGE M. Analysis of limit-cycle response in fluid-film journal bearings using the method of multiple scales[J].The quarterly journal of mechanics and applied mathematics,2005,38:27-45.

[51] BRANCATI R, ROCCA E, RUSSO M. Journal orbits and their stability for rigid unbalanced rotors[J].Journal of tribology,2005,117:709-716.

[52] RUSSO M, RUSSO R. Parametric excitation instability of rigid unbalanced rotor in short turbulent journal bearings[J].Journal of mechanical engineering science,1993,207:149-160.

[53] ZHAO J Y, HUHN E J. Subharmonic,quasi-periodic and chaotic motions of a rigid rotor supported by an eccentric squeeze film damper[J].Journal of me-

chanical engineering science,2013,207:383-392.

[54] GANESAN R.Dynamic response and stability of a rotor-support system with non-symmetric bearing clearances[J].Mechanism and machine theory,2016, 31(6):781-798.

[55] ADAMS M L,ABU-MAHFOUZ I A.Exploratory research on chaos concepts as diagnostic tools for assessing rotating machinery vibration signatures[C].Proceedings of IFToMM Fourth International Conference on Rotor Dynamics, 2014.

[56] 褚福磊,冯冠平,张正松.碰摩转子系统中的阵发性及混沌现象[J].航空动力学报,2006,11(3):261-264.

[57] EHRICH F F.Some observations of chaotic vibration phenomena in high-speed rotor dynamics[J].Journal of vibration and acoustics,1991,113:50-57.

[58] EHRICH F F.Observations of subcritical super harmonic and chaotic response in rotor dynamics[J].Journal of vibration and acoustics,1992,114:93-100.

[59] CHOI S K,NOAH S T.Mode-locking and chaos in a Jeffcott rotor with bearing clearances[J].Journal of applied mechanics,1994,61:131-138.

[60] 郑吉兵,孟光.考虑非线性涡动时裂纹转子的分岔与混沌特性[J].振动工程学报,2007,10(2):190-197.

[61] LI C H,BERNASCONI O,XENOPHONTIDIS N.A generalized approach to the dynamics of cracked shafts[J].Journal of vibration,acoustics,stress,and reliability in design,1989,111:257-263.

[62] 朱晓梅,高建民.含裂纹转子在变速过程中的瞬态振动[J].固体力学学报,1996,16(1):65-69.

[63] CVETICANIN L J.The oscillations of a textile machine rotor on which the textile is wound up[J].Mechanism and machine theory,2001,26(3):253-260.

[64] CVETICANIN L J.Dynamic behavior of a rotor with time-dependent parameters[J].JSME international journal,series C,2004,37(1):41-48.

[65] KANG Y,SHIH Y P,LEE A C.Investigation on the steady-state responses of asymmetric rotors[J].Journal of vibration and acoustics,1992,114:194-208.

[66] 虞烈,刘恒.轴承-转子系统动力学[M].西安:西安交通大学出版社,2001.

[67] NEWKIRK B L.Shaft whipping[J].General electric review,1925,128(8):

559-568.

[68] NEWKIRK B L, TAYLOR H D. Shaft whipping due to oil action in journal bearings[J]. General electric review, 1925, 128(8):559-568.

[69] FRENE J. Hydrodynamic lubrication: bearings and thrust bearings[M]. Elsevier, 1997.

[70] HUGGINS N J. Non-linear modes of vibration of a rigid rotor in short journal bearings[J]. Proceedings of the institation of mechanical engineers, 1963, 178 (314):238-245.

[71] MYERS C J. Bifurcation theory applied to oil whirl in plain cylindrical journal bearings[J]. Journal of applied mechanics, 2004, 51(2):244.

[72] MUSZYNSKA A. Whirl and whip-rotor/bearing stability problems[J]. Journal of sound & vibration, 2006, 110(3):443-462.

[73] BRANCATI R, RUSSO M, RUSSO R. On the stability of periodic motions of an unbalanced rigid rotor on lubricated journal bearings[J]. Nonlinear dynamics, 2006, 10(2):175-185.

[74] CHU F, ZHANG Z. Periodic, quasi-periodic and chaotic vibrations of a rub-impact rotor system supported on oil film bearings[J]. International journal of engineering science, 2007, 35(10/11):963-973.

[75] KAKOTY S K, MAJUMDAR B C. Effect of fluid film inertia on stability of flexibly supported oil journal bearings: a non-linear transient analysis[J]. Tribology transactions, 2002, 45(2):253-257.

[76] VANIA A, TANZJ E. Analysis of non-linear effects in oil-film journal bearings [C]. Proceedings of the Eighth International Conference on Vibrations in Rotating Machinery, 2004.

[77] LAHA S K, KAKOTY S K. Non-linear dynamic analysis of a flexible rotor supported on porous oil journal bearings[J]. Communications in nonlinear science & numerical simulation, 2011, 16(3):1617-1631.

[78] LIU G Z, YU Y, WEN B C. Analysis of non-linear dynamic on unsteady oil-film force rotor-stator-bearing system with rub-impact fault[J]. Applied mechanics and materials, 2013, 401-403:49-54.

[79] VANIA A, PENNACCHI P, CHATTERTON S. Parametric analysis focused on

non-linear forces in oil-film journal bearings[M]//DALPIAZ G,RUBINI R,D'ELIA G,et al.Advances in condition monitoring of machinery in non-stationary operations.Heidelberg:Springer,2014:115-125.

[80] 谢友柏,汤玉娣.具有非线性油膜力的滑动轴承转子系统振动特性研究[J].西安交通大学学报,1987(4):97-108.

[81] 阮金彪,孙亦定.带挤压油膜阻尼器柔性双转子系统的动力特性分析[J].机械工程师,1995(3):42-43.

[82] 张宇,陈予恕,毕勤胜.转子-轴承-基础非线性动力学研究[J].振动工程学报,1998(1):24-30.

[83] 丁千,陈予恕.弹性转子-滑动轴承系统稳定性分析[J].应用力学学报,2000,17(3):111-116.

[84] 秦平,孟志强,朱均.滑动轴承非线性油膜力的神经网络模型[J].摩擦学学报,2002,22(3):226-231.

[85] 沈松,郑兆昌,应怀樵.非稳态油膜力作用下非对称转子分叉特性[J].振动工程学报,2002,15(4):410-414.

[86] 秦卫阳,孟光.双盘裂纹转子的非线性动态响应与混沌[J].西北工业大学学报,2002,20(3):378-382.

[87] 曹树谦,陈予恕.多种非线性力作用下不平衡弹性转子的分岔特性[J].应用力学学报,2003,20(3):56-60.

[88] 冷淑香,崔颖,黄文虎.线性与非线性油膜力模型下转子振动稳定性对比研究[J].汽轮机技术,2003,45(5):298-300.

[89] 刘淑莲,郑水英,沈海涛.适用于参数识别的一种非线性油膜力表达式[J].机械强度,2005,27(3):316-319.

[90] 吴其力,荆珂.非线性油膜力作用双跨转子系统动力学特性研究[J].辽宁石油化工大学学报,2008,28(2):53-57.

[91] 韩放,郭杏林,高海洋.非线性油膜力作用下叶片-转子-轴承系统弯扭耦合振动特性研究[J].工程力学,2013,30(4):355-359.

[92] 毛文贵,韩旭,刘桂萍.基于流固耦合的滑动轴承非线性油膜动特性研究[J].中国机械工程,2014,25(3):56-62.

[93] 夏极,蔡耀全,刘金林,等.轴承油膜动力特性系数对轴系回旋振动影响[J].舰船科学技术,2016,38(1):62-66.

[94] 张正松,沐华平.油膜失稳涡动极限环特性的 Hopf 分叉分析法[J].清华大学学报,1996,36(7):30-35.

[95] 张卫,朱均.转子-滑动轴承系统的稳定裕度[J].机械工程学报,1995,31(2):57-62.

[96] YAMAMOTO T,OTA H.On unstable vibrations of a shaft carrying an unsymmetrical rotor[J].Journal of applied mechanics,1964,31:515-522.

[97] NELSON H D,NATARAJ C.The dynamic of a rotor system with a cracked shaft[J].Journal of vibration,acoustics,stress,and reliability in design,1986,108:189-196.

[98] 陈予恕,丁千,孟泉.非线性转子的低频振动失稳机理分析[J].应用力学学报,1998,15(1):113-117.

[99] RAJALINGHAM C,BHAT R B,XISTRIS G D.Influence of support flexibility and damping characteristics on the stability of rotors with stiffness anisotropy about shaft principal axes[J].International journal of mechanical science,2002,34(9):717-726.

[100] GASCH R.A survey of the dynamic behavior of a simple rotating shaft with a transverse crack[J].Journal of sound and vibration,2003,162:313-332.

[101] 薛璞.具有横向裂纹转子系统的振动特性研究[C]//中国力学学会.第五届全国一般力学学术会议论文集.北京:北京大学出版社,1994:365-367.

[102] KIRCHOFF G.Ueber die Schwingungen einer kreisförmigen elastischen Scheibe[J].Annalen der physik,2006,157(10):258-264.

[103] SOUTHWELL R V.On the free transverse vibrations of a uniform circular disc clamped at its centre and on the effects of rotation[J].Proceedings of the royal society A,1922,101(709):133-153.

[104] VOGEL S M,SKINNER D W.Natural frequencies of transversely vibrating uniform annular plates[J].Journal of applied mechanics,1965,32(4):926-931.

[105] EHRICH F F.A matrix solution for the vibration modes of nonuniform disks[J].Journal of applied mechanics,1956,23(1):109-115.

[106] MOTE C D.Free vibration of initially stressed circular disks[J].Journal of engineering for industry,1965,87(2):258-264.

[107] SINGH S, RAMASWAMY G S. A sector element for thin plate flexure[J]. International journal for numerical methods in engineering, 1972, 4(1): 133-142.

[108] PARDOEN G C. Static, vibration and buckling analysis of axisymmetric circular plates using finite element[J]. Computers & structures, 1973, 3(2): 355-375.

[109] WILSON G J, KIRKHOPE J. Vibration analysis of axial flow turbine disks using finite elements[J]. Journal of engineering for industry, 1976, 98(3): 95-96.

[110] SOARES C A M, PETYT M, SALAMA A M. Finite element analysis of bladed discs, structural dynamic aspects of bladed disk assemblies[C]. ASME Winter Annual Meeting, New York: 1976.

[111] SOARES C A M, PETYT M. Finite element dynamic analysis of practical bladed discs[J]. Journal of sound & vibration, 1978, 61(4): 561-570.

[112] IRRETIER H, REUTER F. Experimental modal analysis of rotating disk systems[J]. American society of mechanical engineers, 1995(84): 1201-1206.

[113] DUBAS M, SCHUCH M. Static and dynamic calculation of a Francis turbine runner with some remarks on accuracy[J]. Computers and structures, 1987, 27(5): 645-655.

[114] BIDINOTTO. Eduardo morgado modal shape analysis using thermal imaging[J]. Journal of aerospace technology and management, 2015, 7(2): 185-192.

[115] BANDO S, HINO J. Relationship beween in-plane stress and modal shape of disk[J]. Journal of system design and dynamics, 2011, 5(7): 1498-1507.

[116] 高德平. 环形过渡元素及其在轮盘振动分析中的应用[J]. 航空学报, 1985, 6(5): 455-460.

[117] 朱梓根. 轮盘振动特性计算[J]. 航空动力学报, 1987, 2(2): 126-130.

[118] 吴高峰, 裘春航. 周期旋转对称结构的动力特征[J]. 力学与实践, 2008, 10(1): 22-24.

[119] 孙义冈, 余恩荪. 汽轮机叶轮振动分析[J]. 发电设备, 2006(2): 89-93.

[120] 李德源, 叶枝全, 包能胜, 等. 风力机旋转风轮振动模态分析[J]. 太阳能学报, 2004, 25(1): 72-77.

[121] 白静.透平叶片固有频率和振型的测试方法分析[J].新技术新工艺,2011(8):90-93.

[122] ZHANG X Y,ZHANG W P,LI Q,et al.Experimental modal analysis method of cylindrical thin shell structures[J].Journal of Harbin engineering university,2006,27(1):20-25.

[123] FARSHIDIANFAR A,FARSHIDANFAR M H,CROCKER M J,et al.Vibration analysis of long cylindrical shells using acoustic excitation[J].Journal of sound and vibration,2011,330(14):3381-3399.

[124] LEE Y S,YANG M S,KIM H S,et al.A study on the free vibration of the joined cylindrical spherical shell structures[J].Computers & structures,2002,80(27):2405-2414.

[125] 李晖,张伟,张永峰,等.约束态薄壁圆柱壳固有频率的精确测试[J].东北大学学报(自然科学版),2013,34(19):1314-1318.

[126] LI H,SUN W,HAN Q K.Damping characteristics of thin cantilever plate structure identified by frequency bandwidth method of base excitation[J].China mechanical engineering,2014,25(16):2173-2178.

[127] 郑润生,吴厚钰.采用扭杆单元分析汽轮机长叶片振动的有限元法[J].西安交通大学学报,1991,25(3):99-110.

[128] 刘东远,孟庆集.叶片振动特性的三维非协调有限元计算[J].动力工程学报,1999,19(4):293-296.

[129] 谢永慧,王乐天.汽轮机叶片振动特性的三维有限元分析[J].机械强度,1997,19(4):1-5.

[130] 谢永慧,王乐天,袁奇,等.汽轮机叶片静态和动态应力的三维有限元分析[J].应用力学学报,1999,16(3):89-93.

[131] 刘东远,孟庆集.汽轮机叶片动应力计算及其优化[J].中国电机工程学报,1999,19(2):15-19.

[132] 陈朝辉,刘义清,刘力强,等.车用涡轮增压器压气机叶轮振动特性分析[J].小型内燃机与摩托车,2010,39(2):85-87.

[133] 杨文庆,孙强,马龙,等.某型航空发动机压气机叶片振动静频与动频的关系[J].空军工程大学学报(自然科学版),2005,6(5):5-7.

[134] 王建军,李其汉.航空发动机失谐叶盘振动减缩模型与应用[M].北京:

国防工业出版社,2009:12-20.

[135] HODGES C H.Confinement of vibration by structural irregularity[J].Journal of sound and vibration,1982,82:411-424.

[136] HUANY W H.Vibration of some structures with periodic random parameters [J].AIAA journal,1982,20(7):1001-1008.

[137] HODGES C H,WOODHOUSE J.Vibration isolation from irregularity in a nearly periodic structure theory and measurements[J].Accost society of amer,1983,74(3):894-905.

[138] IBRAHIM R A.Structural dynamics with parameter uncertainties[J].Applied mechanics reviews,1987,40(3):309-328.

[139] LI D,BENAROYA H.Dynamics of periodic and near-periodic structures[J]. Applied mechanics reviews,1992,45(11):447-459.

[140] PIERRE C,CASTANIER M P,CHEN W J.Wave localization in multi-coupled periodic structures application to truss beams[J].Applied mechanics reviews,1996,49(2):65-86.

[141] VAKAKIS A F.Nonlinear mode localization in systems governed by partial differential equations[J].Applied mechanics reviews,1996,49(2):87-99.

[142] PHOTIADIS D M.Fluid loaded structures with one-dimensional disorder[J]. Applied mechanics reviews,1996,49(2):100-125.

[143] WEAVER R.Localization,scaling and diffuse transport of wave energy in disordered media[J].Applied mechanics reviews,1996,49(2):125-135.

[144] SEVER I A,PETROV E P,EWINS D J.Experimental and numerical investigation of rotating bladed disk forced response using under-platform friction dampers[J].Journal of engineering for gas turbines and power,2007,130(4):323-333.

[145] PETROV E P.A method for forced response analysis of mistuned bladed disks with aero dynamic effects included[J].Journal of engineering for gas turbines and power,2010,132(6):375-386.

[146] CASTANIER M P,PIERRE C.Modeling and analysis of mistuned bladed disk vibration:status and emerging directions[J].Journal of propulsion and power,2006,22(2):384-396.

[147] BLADH R，PIERRE C，CASTANIER M P，et al.Dynamic response predictions for a mistuned industrial turbomachinery rotor using reduced-order modeling[J].Journal of engineering for gas turbines and power，2002，124(2)：311-324.

[148] 廖海涛，王建军，李其汉.随机失谐叶盘结构失谐特性分析[J].航空动力学报，2010，25(1)：160-168.

[149] 王建军，于长波，李其汉.错频叶盘结构振动模态局部化特性分析[J].航空动力学报，2009，24(4)：788-792.

[150] 王红健，贺尔铭.叶片失谐对叶盘结构振动特性的影响[J].西北工业大学学报，2009，27(5)：645-650.

[151] 王艾伦，孙勃海.随机失谐的成组叶片-轮盘固有振动局部化研究[J].中国机械工程，2011(7)：771-775.

[152] 廖海涛，王建军，李其汉.多级叶盘结构随机失谐响应特性分析[J].振动与冲击，2011(3)：22-29.

[153] 廖海涛，王建军，王帅，等.失谐叶盘结构振动模态局部化试验[J].航空动力学报，2011(8)：1847-1854.

[154] 廖海涛，王帅，王建军，等.失谐叶盘结构振动响应局部化试验研究[J].振动与冲击，2012(1)：29-34.

[155] 于长波，王建军，李汉其.错频叶盘结构的概率模态局部化特性分析[J].航空动力学报，2009(9)：2040-2045.

[156] 于长波，王建军，李其汉.失谐叶盘结构的概率响应局部化特性[J].航空动力学报，2010(9)：2006-2012.

[157] 王建军，于长波，姚建尧，等.失谐叶盘振动模态局部化定量描述方法[J].推进技术，2009(4)：457-461，473.

[158] 王建军，许建东，李其汉.失谐叶片-轮盘结构振动局部化的分析模型[J].汽轮机技术，2004(4)：256-259.

[159] 李岩，袁惠群，梁明轩.基于改进DPSO算法的航空发动机失谐叶片排序[J].东北大学学报，2013，34(4)：569-572.

[160] 黄飞.含裂纹叶片的失谐叶盘振动特性研究[D].长沙：中南大学，2010.

[161] 王艾伦，黄飞.含两个相间裂纹叶片的失谐叶盘结构振动特性研究[J].中国机械工程，2010(11)：1270-1274.

[162] 王艾伦,黄飞.裂纹叶片分布对失谐叶盘结构振动特性的影响[J].振动与冲击,2011(4):26-28,94.

[163] 李帅.含呼吸式裂纹的叶盘系统动态特性研究[D].长沙:中南大学,2012.

[164] 王艾伦,李帅.含呼吸式裂纹的失谐叶盘系统响应特性研究[J].中国机械工程,2013(2):169-174.

[165] BOX G E P,WILSON K B.On the experimental attainment of optimum conditions[J].Journal of royal statistical society,1951,13(1):1-45.

[166] RAHIMI M,ZIAEIRAD S.Uncertainty treatment in forced response calculation of mistuned bladed disk[J].Mathematics and computers in simulation,2009,7(2):1-12.

[167] VARGIU P,FIRRONE C M,ZUCCA S.et al.A reduced order model based on sector mistuning for the dynamic analysis of mistuned bladed disks[J].International journal of mechanical sciences,2011,53(8):639-646.

[168] CHOI B.Pattern optimization of intentional blade mistuning for the reduction of the forced response using genetic algorithm[J].KSME international journal,2003,17(7):966-977.

[169] CHOI W,STORER R H.Heuristic algorithms for a turbine-blade-balancing problem[J].Computers operations research,2004,31(8):1245-1258.

[170] SCARSELLI G,LECCE L,CASTORINI E.Mistuning effects evaluation on turbomachine dynamic behaviour using genetic algorithms[J].International journal of acoustics and vibration,2011,32(4):354-358.

[171] 杨训,邢建华.基于遗传算法的转子叶片优化排序[J].计算机仿真,2008,25(11):94-98.

[172] 陈晓敏,王科.基于退火单亲遗传算法的压气机叶片排序算法[J].西南师范大学学报,2009,34(4):156-158.

[173] 赵德胜.多约束条件下基于改进遗传算法的叶片优化排序[J].机械设计与制造,2010,9(9):12-14.

[174] 岳健民,柏宏斌,刘自川,等.叶片排序的逐步调优模拟搜索算法[J].四川理工学院学报,2005,18(1):88-94.

[175] 唐绍军,王旭,朱斌.遗传算法对压气机叶片排序的应用[J].航空动力学

报,2005,20(3):518-522.

[176] 戴义平,江才俊,卢世明.基于遗传算法的叶片安装排序优化系统的开发及应用[J].汽轮机技术,2003,45(5):270-272.

[177] 彭国华,余迁,王罡.混合遗传算法在叶片排序问题中的应用[J].西南民族大学学报,2006,32(1):8-12.

[178] 贾金鑫,李全通,高星伟,等.叶片质量矩优化排序中遗传算法的应用[J].航空动力学报,2011,26(1):204-209.

[179] 贺尔铭,耿炎,贺利,等.遗传算法在发动机转子叶片平衡排序中的应用[J].机械科学与技术,2003,22(4):553-555.

[180] 袁惠群,张亮,韩清凯.航空发动机转子失谐叶片减振安装优化分析[J].振动、测试与诊断,2011,31(5):647-651.

[181] 赵天宇,袁惠群,杨文军,等.非线性摩擦失谐叶片排序并行退火算法[J].航空动力学报,2016,31(5):1053-1064.

后 记

时光荏苒，岁月蹉跎，回首过往岁月，心中倍感充实，感慨良多。紧张、忙碌而充实的博士生活即将结束，在此衷心感谢导师袁惠群教授对我的悉心指导和谆谆教诲。导师治学严谨的科研作风、敏锐深邃的洞察能力、废寝忘食的工作态度、孜孜不倦的求索精神和平易近人的为人品格，特别是献身科学的高贵品质，都将对我今后的人生产生深远影响，并将激励着我不断进取，使我终生受益。我由衷地向袁惠群老师道一声谢谢，您的授业之恩学生将永记于心。

在博士学习和本书完成期间，我得到了赵天宇、杨文军、王光定、张亮、李岩、张宏远、李播博、任金朝、吴震宇、寇海江、梁明轩、李莹、于印鑫、吴文波、杨上、张中华、宋琳、蔡颖颖、贺威、王海霞、李智军、张凯峰、刘黎明等师兄弟、师姐妹的热情支持与帮助，经常与你们探讨学术、交流问题对本书提供了很好的启迪，与你们的相处使我感受到团队的温暖和团结，结下了深厚的友谊，是我博士阶段的重要收获，也是以后工作、生活中一笔宝贵的财富。

感谢养育我的父母，你们含辛茹苦地将我养育，工作以后总是在默默地支持和鼓励我前行，虽然你们不是高官显贵、富贵亨通，但是每一次的关怀和贴心的谈心都会让我体会到父爱、母爱的伟大力量，在我彷徨不前时，给予我莫大的力量。

感谢我的爱人和儿子，感谢读博期间爱人对家庭琐事和对孩子教育的付出，还记得当年博士入学时，儿子才刚刚出生三天，这几年孩子的成长、生活的琐事、父母的照顾都是爱人一个人来承担。这几年我对家庭的付出少之又少，很少关心妻儿的冷暖、很少陪同全家出玩。感谢你们对我的理解和默默的支持。

感谢单位的领导和同事在我攻读博士期间给予我的帮助，领导总是在背后默默支持、督促和鼓励，才能使我坚持走到今天。同事们也是在平时的工作中给予帮助和照顾，主动分担我的工作，让我感受到工作团队的集体荣誉。

文有尽而情无穷，复拜恩师、同学、父母、妻儿、亲朋、同事，此情绵绵无绝期。感谢东大培育之恩。

潘宏刚

2020 年 3 月